高等职业教育专科、本科计算机类专业新形态一体化教材

无人机项目化教程

主　编：党丹丹　余　君
副主编：陶红丽　陈宗仁　刘炳辉

电子工业出版社.
Publishing House of Electronics Industry
北京·BEIJING

内容简介

随着无人机的广泛应用，越来越多的无人机爱好者想深入了解无人机，基于此，本书以无人机初学者为读者对象，以无人机必备技能为主线，从无人机初探、无人机飞行原理、无人机模拟操控、无人机组装、调试无人机地面站、无人机飞行、Tello 无人机编程、无人机多机编队、无人机维修与保养、无人机管控，完整地描述无人机达人的必备技能。本书重点介绍了无人机组装的详细步骤、无人机参数设置、无人机的飞行训练技巧、无人机编程平台及无人机多机编队表演，在文末还介绍了无人机的安全飞行知识及怎样成为持证的飞手。

本书是编者结合多年的教学经验、职业技能竞赛经验，以及企业工程师多年的无人机飞行经验编写的，同时配备电子教案、电子课件、教学视频及课程思政等，可以作为职业院校计算机专业、机器人专业、自动化专业、人工智能专业的教学用书，也可以作为无人机爱好者的培训教材或参考用书。

图书在版编目（CIP）数据

无人机项目化教程 / 党丹丹，余君主编．—北京：电子工业出版社，2023.5
ISBN 978-7-121-45060-0

Ⅰ．①无…　Ⅱ．①党…　②余…　Ⅲ．①无人驾驶飞机—教材　Ⅳ．①V279

中国国家版本馆 CIP 数据核字（2023）第 027620 号

责任编辑：李　静　　特约编辑：田学清
印　　刷：天津千鹤文化传播有限公司
装　　订：天津千鹤文化传播有限公司
出版发行：电子工业出版社
　　　　　北京市海淀区万寿路 173 信箱　邮编：100036
开　　本：787×1092　1/16　印张：12.75　字数：310 千字　彩插：1
版　　次：2023 年 5 月第 1 版
印　　次：2023 年 5 月第 1 次印刷
定　　价：39.80 元

凡所购买电子工业出版社图书有缺损问题，请向购买书店调换。若书店售缺，请与本社发行部联系，联系及邮购电话：（010）88254888，88258888。

质量投诉请发邮件至 zlts@phei.com.cn，盗版侵权举报请发邮件至 dbqq@phei.com.cn。

本书咨询联系方式：（010）88254604，lijing@phei.com.cn。

前　言

近年来，无人机消费市场的日益成熟，加速了我国民用无人机的应用发展，无人机技术技能人才的需求也与日俱增。无人机以其精致小巧、低成本、高性能的特点赢得了广大无人机爱好者的青睐。

本书采用项目化编写方式，基于飞手必备技能而设计，从无人机飞行原理开始讲解，以无人机组装、调试、飞行、开发、保养为主线，介绍了无人机的相关知识和技能，有助于无人机初学者迅速成为无人机达人。本书还将思政元素渗透到无人机教学中，培养学生的爱国情怀和社会责任意识。

本书共10个项目，项目1和项目2介绍了无人机基础知识和无人机飞行原理；项目3~项目6介绍了无人机模拟操控、组装、调试与飞行；项目7和项目8介绍了无人机编程与无人机多机编队项目案例；项目9介绍了无人机维修与保养；项目10介绍了无人机管控。

本书由党丹丹、余君任主编，陶红丽、陈宗仁、刘炳辉任副主编。此外，黄德伦、邹迅、梁焕好、黄家庚、陈冲、张礼琼、李博、丘家豪、林战阳、冯健伟、陈明乐和杨慧媛等多名无人机爱好者也参与了本书的编写。在本书的编写过程中，还得到了珠海市萤火虫智能科技有限公司、珠海简开科技有限公司、深圳市神州动力科技有限公司、天津远洋航空集团有限公司的无人机教员刘广伟的大力支持，在此一并表示感谢！

在本书的编写过程中，编者参考了大量的国内外优秀著作、学术论文和网络资源，并在书中引用了部分内容，在此对这些作者表示深深的谢意！

由于编者水平所限，书中难免存在疏漏和不足之处，敬请行业专家、学者及同行批评指正。同时也希望认识更多的行业专家及同行，共同交流，一起探讨，不断完善本书。

编　者

2023 年 5 月

无人机宣传片

目　　录

项目 1　无人机初探

项目描述

　　无人机的应用，从最初的军事领域，已经逐渐延伸到了日常生活的方方面面，无人机给我们的生活带来了惊喜和快乐，特别是高视角的无人机航拍和高震撼的无人机表演，让我们见识了无人机单机的娱乐便利和多机编队的炫酷魅力。新冠肺炎疫情期间，无人机在运送物资等方面的作用使大家眼前一亮，越来越多的人开始关注、喜爱、钻研无人机。对于无人机初学者来说，需要了解哪些无人机基础知识呢？无人机有哪些应用呢？

项目任务

　　对于无人机初学者来说，要完成项目内容需要学习以下任务：

　　任务 1.1　熟悉无人机基础知识

　　任务 1.2　熟悉无人机发展历程

　　任务 1.3　熟悉无人机应用领域

扫一扫
看微课

无人机初探

任务 1.1 熟悉无人机基础知识

1. 无人机的定义

无人机，其实就是无人驾驶飞行器（Unmanned Aerial Vehicle，UAV），更准确来说，无人机就是一种利用无线遥控或程序控制来执行特定航空任务的飞行器。它和常规飞机最大的区别是飞行器上是否搭载人员；与航模的最大区别是飞行器是否能用程序进行控制。

2. 无人机的分类

无人机有多种分类方式，可按飞行平台构型、用途、空机质量、飞行高度、活动半径等不同方式进行分类。

1）无人机分类思维导图

无人机分类思维导图如图 1-1 所示。

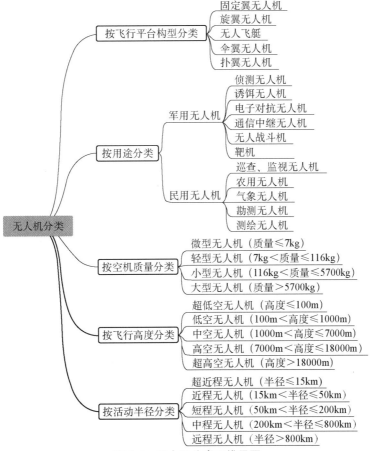

图 1-1 无人机分类思维导图

2）不同飞行平台无人机

无人机有大有小，从外观来说，根据不同的平台构型将无人机分为固定翼无人机、旋翼无人机、无人飞艇、伞翼无人机、扑翼无人机，如图1-2所示。

固定翼无人机

旋翼无人机

无人飞艇

伞翼无人机

扑翼无人机

图1-2 不同飞行平台无人机

目前，较流行的消费级无人机是旋翼无人机，旋翼无人机包括直升机、三轴多旋翼无人机、四轴多旋翼无人机、六轴多旋翼无人机、八轴多旋翼无人机，如图1-3所示。

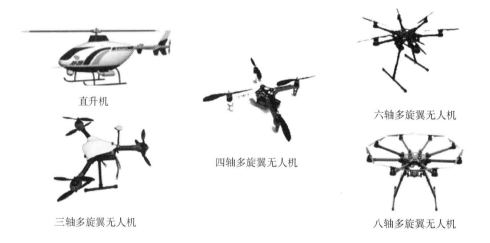
直升机　　　　　　　　　　　　　　　　　　　　　　六轴多旋翼无人机

四轴多旋翼无人机

三轴多旋翼无人机　　　　　　　　　　　　　　　　八轴多旋翼无人机

图1-3 旋翼无人机

旋翼无人机并非旋翼个数越多越好，旋翼越多，结构越复杂，出现故障的概率反而越大，配件部件的成本也会增加。

任务 1.2 熟悉无人机发展历程

无人机最初起源于军事应用，它经历了萌芽期、发展期和蓬勃期，到现在已经融入我们生活的方方面面，无处不在了。

1. 萌芽期

1917 年，皮特·库柏（Peter Cooper）和埃尔默·A·斯佩里（Elmer A. Sperry）发明了第一台自动陀螺稳定器，这种装置能使得飞机保持平稳向前地飞行，无人驾驶飞行器（Unmanned Aerial Vehicle，UAV）自此诞生。这项技术成果将美国海军寇蒂斯 N-9 型教练机成功改造为首架无线电控制的无人驾驶飞行器。斯佩里空中鱼雷号可以搭载 300 磅（约合 136kg）的炸弹飞行 50 英里（约合 80km），但它从未参与实战。斯佩里空中鱼雷号如图 1-4 所示。

图 1-4 斯佩里空中鱼雷号

1935 年，蜂王号无人机的发明使得无人机能够飞回起飞点，这项技术更具有实际价值。蜂王号无人机最大飞行高度为 17000 英尺（约合 5182m），最高航速每小时 100 英里（约合 161km），在英国皇家空军服役到 1947 年。蜂王号无人机的问世标志着无人机时代的真正开始，蜂王号无人机可以说是近现代无人机历史上的"开山鼻祖"。蜂王号无人机如图 1-5 所示。

图 1-5 蜂王号无人机

1944 年，德国工程师弗莱舍·福鲁则浩（Fieseler Flugzeuhau）设计了一架速度达到每小时 470 英里（约合 756km）的复仇者一号无人机，也是当代巡航导弹的先驱。复仇者一号无人机载弹量多达 2000 磅（约合 907kg），发射后能按照预定程序飞行 150 英里（约合 241km）。复仇者一号无人机如图 1-6 所示。

图 1-6　复仇者一号无人机

2. 发展期

1986 年，美国研发的先锋 RQ-2A 无人机，起飞质量 416 磅（约合 189kg），航速每小时 109 英里（约合 175km），能够漂浮在水面上，并且通过海面降落进行回收，能为战术指挥官提供特定目标及战场的实时画面，执行了美国海军"侦察、监视并获取目标"等各种任务。先锋 RQ-2A 无人机如图 1-7 所示。

图 1-7　先锋 RQ-2A 无人机

2004 年，美国联合工业公司的下属公司 AAI 公司研制的 RQ-7B "影子 200" 无人机，是当时无人机家族中最小的一个，它能够定位并识别战术指挥中心 125km 之外的目标，使指挥官的观察、指挥、行动都更加便捷。RQ-7B "影子 200" 无人机广泛应用于中东地区，截至 2010 年 5 月份，RQ-7B "影子 200" 无人机的累计飞行时间已经达到 500000h，如图

1-8 所示。

图 1-8　RQ-7B "影子 200" 无人机

2005 年，美国诺斯洛普·格鲁门公司研制的 RQ-8 型"火力侦察兵"无人机成功试射了 2 枚火箭弹。它是一种自主无人直升机，可以在任何能够起降飞行器的战舰上自行起飞并且在非预定地点降落。RQ-8 型"火力侦察兵"无人机如图 1-9 所示。

图 1-9　RQ-8 型 "火力侦察兵" 无人机

2009 年，由洛克希德·马丁公司附属公司臭鼬工厂（Skunk Works）设计并生产的 RQ-170 "哨兵" 无人机服役于美国空军。RQ-170 "哨兵" 无人机如图 1-10 所示。

2010 年，由美国诺斯洛普·格鲁门公司研制的高空高速无人侦察机 RQ-4 全球鹰拥有 25000km 航程、41h 续航时长，是当时世界上飞行时间最长、飞行距离最远、飞行高度最高的无人机，它采用全球定位系统和惯性导航系统，可自动完成从起飞到着陆的整个飞行过程。2001 年开始研发的全球鹰项目成为航空历史上的重大标杆，这是已知的第一架能够不经停、直接飞越太平洋的无人机，该无人机在 2006 年 7 月获准在美国领空飞行，如图 1-11 所示。

图 1-10　RQ-170 "哨兵" 无人机

图 1-11　RQ-4 全球鹰无人机

3. 蓬勃期

21 世纪初，由于原来的无人机体积较大、目标明显且不易于携带，因此各国开始研制机型小巧、性能稳定的迷你无人机，进而催发了民用无人机的诞生。

2006 年，影响世界民用无人机格局的深圳市大疆创新科技有限公司成立，其先后推出的 Phantom 系列无人机在世界范围内产生了深远影响，大疆 Phantom2vision+还在 2014 年入选《时代》杂志，如图 1-12 所示。

图 1-12 大疆 Phantom2vision+无人机

2009 年，美国 3D Robotics 公司成立，这是一家最初主要制造和销售 DIY 类遥控飞行器（UAV）相关零部件的公司，在 2014 年推出 X8+四轴飞行器后名声大噪，目前已经成长为与深圳市大疆创新科技有限公司相媲美的无人机公司。

2014 年，一款用于自拍的无人机——Zano 诞生了，曾经被称为无人机市场上的 iPhone。该机在众筹平台上筹款 340 万美元，获得超过 15000 人的支持，大家都对该款产品充满期待。由于无法解决无人机量产而引发的软、硬件调校误差的问题，英国 Torquing Group 创业公司于 2015 年破产，Zano 只能活在大家的记忆中。即便如此，无人机应用在自拍领域的研究也会继续下去。

2015 年，是无人机飞速发展的一年，各大厂商融资成功，为无人机的发展创造了十分有利的条件，还上线了第一个无人机在线社区——飞兽社区。

2020 年，中国无人机多机编队企业同时升空飞行了 3051 架无人机，时而编织成天宫空间站，时而又变化成北斗卫星悬挂夜空，打破了同年俄罗斯无人机团队保持的 2200 架无人机同时升空的世界纪录。

2021 年，中国无人机编队企业的 5200 架无人机上演了一场史诗级的视觉盛宴，深情献礼党的百年华诞，一举刷新 4 项吉尼斯世界纪录，再一次彰显了中国的科技创新实力和大国工匠精神。

无人机的快速发展，已经使无人机从原来的军用领域延伸到了民用领域，在民用领域中，无人机已不单单承载飞行功能，更成为娱乐消费的重要工具。

任务 1.3　熟悉无人机应用领域

目前，无人机的应用领域越来越广，有农业应用、交通管理、影视拍摄、地质勘探、航拍、多机编队表演等。

1. 无人机应用领域分类

按思维导图的方式，无人机应用领域可分为军事应用、民用工业级应用、民用消费级应用，如图 1-13 所示。

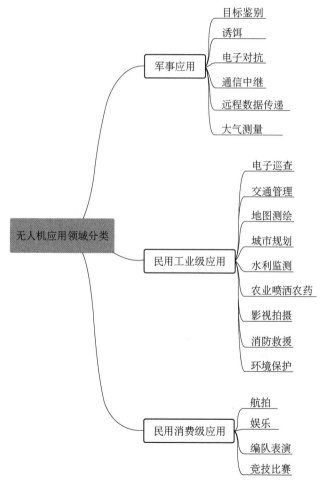

图 1-13　无人机应用领域分类思维导图

2. 典型应用领域

无人机的应用领域有很多，下面选取几个典型的应用领域进行讲解。

1）农业应用

无人机可用于农业领域，当其配备了摄像机和其他数据采集设备时，无人机就成了"天空之眼"。在一些国家，无人机已经定期用于运送肥料或杀虫剂。美国农民，包括加利福尼亚州和纽约州的葡萄种植者，一直在进行通过无人机检测水资源缺乏或土壤无法吸收的"低活力"区域的试验。无人机农业应用图如图1-14所示。

图 1-14　无人机农业应用图

2）交通管理

在智能交通领域，利用无人机进行高空视频采集，将交通节点（如主要路口、重要路段）与交通辅助设施联动起来，采集基础道路数据，用于交通大数据分析。无人机作为固定视频的补充，极大地提高了交通管理效率，对城市交通管理的改善大有裨益。无人机交通管理图如图1-15所示。

图 1-15　无人机交通管理图

3）航拍

航拍视频和照片具有视点高、视角独特、表现力强等特点，加上无人机的飞行速度快，使航拍视频具有节奏快、冲击力强等特点，可以真实反映出拍摄对象的实力、规模、风貌、周边环境和地理位置，也可以给人留下非常深刻的印象。航拍是一种以高科技手段为基础的全新艺术表现手法，是技术美和艺术美的完美结合，使我们看见不一样的世界。港珠澳大桥航拍图如图 1-16 所示。

图 1-16　港珠澳大桥航拍图

4）无人机多机编队表演

无人机多机编队技术的兴起，使人们认识到无人机不仅可以拍照、录像，还可以在黑暗的夜空中变幻出各种精美的造型，给人们的生活带来意外和惊喜。2018 年以来，各大公司的无人机多机编队表演从数量到造型再到合作平台，一次次地刷新着吉尼斯世界纪录，比如东京奥运会的无人机多机编队表演，让观众惊叹不已，如图 1-17 所示。

图 1-17　东京奥运会无人机多机编队表演图

实训 1   无人机应用之我见

实训描述：

如果一位无人机初学者来向您咨询无人机，那么请您用一份入门指引文档向无人机初学者介绍一下无人机，使无人机初学者对无人机有一个初步的认识，同时使无人机初学者了解当下热门的无人机应用。

实训要求：

① 文档语言要流畅，能使无人机初学者对无人机有一定的认知。

② 文档内容要包含无人机基础知识和典型应用。

③ 文档字数要求 500~1000 字。

 项目总结

本项目主要介绍了无人机基础知识，使无人机初学者了解无人机的概念和分类；详细介绍了无人机的发展历程，使无人机初学者了解无人机的起源与发展历程；详细介绍了当下无人机的应用领域，使无人机初学者了解无人机在现代生活中的重要性。通过本项目使无人机初学者了解无人机的应用领域，使无人机初学者产生共鸣，增强深入学习无人机的动力和自信心。

项目 2 掌握无人机飞行原理

项目描述

无人机给我们带来了太多的意外和惊喜，或许您已经迫不及待地想揭开无人机那神秘的面纱、想深入了解无人机的工作原理了。对于无人机初学者来说，无人机是怎么工作的呢？无人机在空中是怎么产生动力的呢？无人机的桨叶是怎么转动的呢？

项目任务

对于无人机初学者来说，要完成项目内容需要学习以下任务：

任务 2.1 熟悉无人机飞行系统基础知识

任务 2.2 熟悉无人机空气动力学知识

任务 2.3 掌握不同平台无人机的飞行原理

扫一扫
看微课

掌握无人机飞行原理

任务 2.1 熟悉无人机飞行系统基础知识

1. 无人机飞行系统

常说的无人机，其实就是无人机飞行系统，它包括飞行平台、飞控系统、动力系统、通信链路系统、任务载荷系统、发射与回收系统 6 大系统。

1）飞行平台

无人机飞行平台主要包括无人机机体、动力装置、飞行控制与管理等设备，无人机飞行平台的类型有固定翼、旋翼、直升机、伞翼等。

2）飞控系统

飞控系统又称飞行管理与控制系统，相当于无人机飞行系统的"心脏"，对无人机的稳定性、数据传输的可靠性、精确度、实时性等都有重要影响。它是由陀螺仪、加速计、地磁感应器、气压传感器、超声波传感器（低空高度精确控制或避障）、光流传感器（悬停水平位置精准确定）、GPS 模块，以及控制电路组成的，主要功能是控制无人机的飞行姿态。

3）动力系统

无人机的动力系统通常有电动机和内燃机两种。目前消费级无人机的动力系统以电动机为主，而电动无人机的动力系统主要包含电机、电调（控制电机转速）、螺旋桨及电池。动力系统各个部分之间是否匹配、动力系统与整机是否匹配，直接影响到整机效率、稳定性，所以说动力系统是至关重要的。

4）通信链路系统

通信链路系统主要包括机载设备和地面设备。机载设备包括机载天线、遥控器接收机、解码器等；地面设备有天线、遥控发射机、遥测接收机等，主要保证对遥控指令传输的准确性，对图像、信号等数据实时回传与反馈的实时性和可靠性。

5）任务载荷系统

任务载荷系统主要有电子对抗设备、通信中继设备、攻击任务设备、靶标设备，还有照相机、空中喊话机、照明灯等设备。它主要用于在无人机上装载特殊任务装置，以提升无人机的应用能力。根据任务的不同，无人机装载不同的任务载荷系统来执行任务。

6）发射与回收系统

发射与回收系统主要是指与发射（起飞）和回收（着陆）有关的设备或装置，如发射车、发射箱、助推器、起落架、回收伞、拦阻网等。

2. 不同飞行平台的无人机结构组成

无人机按平台构型可分为固定翼无人机、旋翼无人机、伞翼无人机、扑翼无人机和无人飞艇，每种平台的结构组成、功能不同，应用领域也不同，下面主要介绍固定翼无人机、四旋翼无人机和直升机三种飞行平台的基本结构。

1）固定翼无人机基本结构

固定翼无人机通过动力系统和机翼的滑行实现起降和飞行，遥控飞行和程控飞行均容易实现，抗风能力也比较强，是类型最多、应用最广泛的无人机之一。由于固定翼无人机的起降需要空旷的场地，因此比较适合林业及草场监测、矿山资源监测、海洋环境监测、城乡接合部和土地利用监测，以及水利、电力等领域的应用。固定翼无人机由机身、机翼、尾翼、起落装置和动力装置组成，如图 2-1 所示。

2）四旋翼无人机基本结构

四旋翼无人机具有结构简单、机动性强、可垂直起降、定点悬停、安全性高、操控灵活、携带方便等特点，已经应用于航拍、灯光秀表演、巡检、勘探测绘、应急救援等场景。四旋翼无人机由机架、飞控、旋翼、电池、电调、无刷电机组成，如图 2-2 所示。

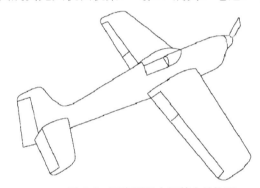 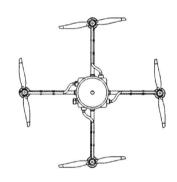

图 2-1　固定翼无人机基本结构图　　　图 2-2　四旋翼无人机基本结构图

3）直升机基本结构

直升机的突出特点是可以做低空（离地面数米）、低速（从悬停开始）和机头方向不变的机动飞行，特别是可以在小面积场地垂直起降，有广阔的用途及发展前景。在军用领域应用于对地攻击、机降登陆、武器运送、后勤支援、战场救护、侦察巡逻、指挥控制、通信联络、反潜扫雷、电子对抗等；在民用领域应用于短途运输、医疗救护、救灾救生、紧急营救、吊装设备、地质勘探、护林灭火、空中摄影等。直升机由机身、动力装置、主旋翼、尾桨系统、传动装置和起落架组成，如图 2-3 所示。

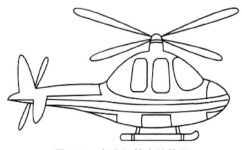

图 2-3　直升机基本结构图

任务 2.2 熟悉无人机空气动力学知识

1. 大气

大气就是包围着地球的气体外壳，也称大气层。大气是人类和生物赖以生存的自然环境，在大气中发生的各种物理、化学现象和过程都与人类的生存和发展密切相关。

无人机在大气层内飞行时所处的环境条件，称为大气飞行环境。大气层的上界可以延伸到距离地面 6400km 左右，其空气密度随高度的增加而减小，高度越高空气越稀薄。大气按照垂直高度分为对流层、平流层、中间层、热层和散逸层，如图 2-4 所示。

1）对流层

对流层是地球大气的底层，其下边界为地面或海面。地界（高度）随纬度、季节等因素变化，在低纬地区平均为 17～18km，中纬地区平均为 10～12km，极地平均为 8～9km。就季节变化而言，夏季对流层高度大于冬季对流层

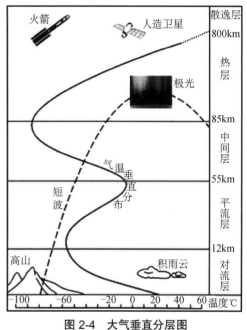

图 2-4 大气垂直分层图

高度。对流层的名称首先由法国的德•波尔特于 1908 年提出，其意思是这里是大气对流的地方，大气在这里得以充分混合。

对流层有以下 4 个主要特点。

① 气温随高度的增加而降低，其降低的数值随地区、时间和所在高度等因素而变化。高度每上升 100m，气温平均约降低 0.65℃，这个气温降低速率称为（环境）气温递减率，通常以 γ 表示，$\gamma=0.65℃•(100m)^{-1}$。当然，有时在某地区会出现气温不随高度增加而降低，甚至随高度增加而升高（称为逆温）的情况。对流层顶的温度在低纬地区平均约为 83℃，在高纬地区平均约为-53℃。

② 大气密度和水蒸气随高度的增加而迅速递减，对流层几乎集中了整个大气质量的 3/4 和水蒸气的 90%。

③ 有强烈的垂直运动，包括有规则的垂直对流运动和无规则的湍流运动，它们使大气中的动量、水蒸气、热量及气溶胶等得以混合与交换。

④ 气象要素的水平分布不均匀。由于对流层大气受地表的影响最大，因此，海陆分布、

地形起伏等差异使对流层的温度、湿度等气象要素的水平分布不均匀。

以上 4 个特点为云和降水的形成及天气系统的发生、发展提供了有利条件，大气中所有重要的天气现象和过程几乎都发生在这一层，因此，对流层成为气象科学的主要研究对象，对流层在国外常称为"天气层"。

2）平流层

自对流层顶部向上至离地 55km 左右的这一范围称为平流层，其特点如下。

① 最初 20km 以下，气温基本均匀（随高度的变化基本不变），从离地 20km 到 55km，大气温度上升得很快，每千米上升 2℃，至离地 55km 附近可达 270K（约为−3℃），这主要是由于臭氧吸收紫外线所致。臭氧层位于大气 10～50km 高度，在大气 15～30km 高度时，臭氧浓度最高，在大气 30km 高度以上时，臭氧浓度虽然逐渐降低，但紫外线辐射很强烈，所以在平流层，温度随高度的增加迅速上升。

② 平流层内大气气流平稳、对流微弱，而且水蒸气极少，因此大多数为晴朗的天空，能见度很好。有时对流层中发展旺盛的积雨云顶部（卷云）也可以伸展到平流层下部，在高纬度地区，有时在日出前、日落后，会出现贝母云（也称珍珠云）。

3）中间层

自平流层顶部向上，气温又再次随高度的增加而迅速下降，至离地 80～85km 处达最低值，为 160～190K（−113～ −83℃），这一范围的气层称为中层或中间层。造成气温随高度的增加而迅速下降的原因有两方面，一方面，在这一层中几乎已经没有臭氧了；另一方面，氮和氧等气体能直接吸收的太阳辐射大部分已经被上层大气吸收了。

在中间层，有相当强烈的垂直对流和湍流混合，故又称高空对流层，然而，由于水蒸气极少，因此，只是在高纬地区的黄昏时刻，在该层顶部附近，有时会看到银白色的夜光云。

4）热层

中间层顶部（离地 85km）以上是热层，这一层没有明显的上界，而且与太阳活动情况有关，其高度为离地 85～800km。在这一层，由于氧原子和氮原子吸收大量的太阳短波辐射，而使气温再次升高，可达 1000～2000K（727～1727℃）。

在离地 100km 以上，大气热量的传输主要靠热传导，而非对流和湍流运动。由于热层内大气稀薄、分子稀少、传导率低，因此该层的气温能很快上升到几百摄氏度。然而，由于大气稀薄，分子间的碰撞机会极少，温度只有动力学意义（温度是分子、原子等运动速度的量度）。即使宇航员从宇航舱内伸出手来，他也不会感觉到"热"，因为热量还与分子的多少有关。

热层的温度有很显著的日变化，下午的温度可以比早晨温度高 300K（27℃），甚至更多。

5）散逸层

热层顶部以上是散逸层，它是大气的最高层。散逸层的气温很高，但随高度的增加很少变化。由于气温高，粒子运动速度很大，而且这里的地心引力很小，因此，一些高速运动的大气质粒可能散逸到星际空间，这就是"散逸层"名称的由来。散逸层的高度可以从离地 2000～3000km 向外延伸很远，并逐渐与行星空间融合。

2．气压

大气性状及其现象（天气和气候）是用基本要素——气温、气压、湿度、风、云况（云状和云量）、能见度、降水情况（降水类型和降水量）、辐射、日照，以及各种天气现象等来描述的，这些因子称为气象要素。

大气压力的产生是地球引力作用的结果，由于地球引力，大气被"吸"向地球，因而产生了压力，靠近地面处大气压力最大。气象科学上的气压，是指单位面积上所受大气柱的质量（大气压强），也就是大气柱在单位面积上所施加的压力。无人机在大气中飞行会受到大气压力的影响。

3．空气的相对运动原理

只要空气和物体之间有相对运动，空气就会对物体产生空气动力。空气相对于物体的流动称为相对气流，相对气流的方向与物体运动方向相反。

当无人机在原来静止的空气中做等速直线飞行时，将引起物体周围空气的运动，同时空气将给无人机以作用力。无人机的相对气流就是空气相对于无人机的运动，相对气流方向就是无人机飞行方向的反方向。影响空气动力的重要因素是无人机与空气之间的相对气流速度，只要相对气流速度相同，无人机产生的空气动力就相同。

4．连续性定理

质量守恒定律说明物质既不会消失，也不会凭空增加。空气在流动时，需要遵守质量守恒定律，这条定律在空气动力学中称为连续性定理。当流体低速、连续不断地、稳定地流过一个粗细不等的流管时，由于流管中任一部分的流体都不能中断或堆积起来，因此在同一时间，流过流管任意截面的流体质量应该相等，这就是流体的连续性定理。

$$A_1 v_1 = A_2 v_2$$

式中，A_1、A_2 为管道的截面面积；v_1、v_2 为气流流速。由上式可知，截面增大，流速减小；截面减小，流速增大。

5．伯努利定理

能量守恒定律说明能量既不会消失，也不会无中生有，只能从一种形式转换为另一种形式，能量的总和保持不变。伯努利定理是能量守恒定律在流体流动中的应用，其数学表达式称为伯努利方程。

$$P_0 = \frac{1}{2}\rho v^2 + P$$

式中，P_0 为总压（全压）；$\frac{1}{2}\rho v^2$ 为动压，即流体流动时其本身实际具有的压强，它是单位体积空气所具有的压力能；P 为静压，在静止的空气中，静压等于当地的大气压。总压是动压和静压之和，也可以理解为气流速度减小到零点时的静压。

无人机产生升力的原理：气流流过机翼上下表面，由于机翼翼型的影响（上表面凸起，下表面凹陷），使得流过上表面的空气速度快（动压升高），流过下表面的空气速度慢（动压下降），但是由于总压恒定，这就使无人机上下表面的静压出现了差别，即压力差（下表面的静压大，上表面的静压小），因此，在机翼上产生升力。

6. 牛顿三大定律

第一定律：除非受到外来的作用力，否则物体的速度（*v*）保持不变。

没有受力即所有外力合力为零，当无人机在天上保持等速直线飞行时，无人机所受的合力为零，与一般人想象的情况不同的是，当无人机降落时保持等速下降，这时升力与重力的合力仍为零，升力并未减少，否则无人机会越降越快。

第二定律：某质量为 *m* 的物体的动量（*p*=*mv*）变化率是正比于外加力 *F* 并且发生在力的方向上的。

著名的 *F*=*ma* 即牛顿第二定律公式，当物体受一个外力后，即在外力的方向产生一个加速度，在无人机起飞滑行时发动机推力大于阻力，于是产生向前的加速度，速度越来越快，阻力也越来越大，最终发动机推力等于阻力，加速度为零，速度不再增加，此时无人机已经飞上天空了。

第三定律：作用力与反作用力是数值相等且方向相反的。

牛顿第三定律表明作用力和反作用力是大小相等且方向相反的。当一架无人机静止在地面上时，它的重力方向向下，与由地面施加的大小相等、方向相反的反作用力恰好平衡。

任何不平衡的力都会产生加速度。地面上的无人机在起飞前，发动机的推力与摩擦力大小相等，方向相反，所以无人机保持平衡，不起飞。当发动机的推力越来越大时，空气阻力和地面摩擦力也就随之而来，而且无人机速度越快，这些阻力也就越大。只要总的阻力小于推力，无人机就会一直加速并升空。当总的阻力和推力大小相等时，无人机达到某个飞行速度，此时又重新实现了平衡。一旦将其放开，无人机就开始加速。

任务 2.3　掌握不同平台无人机飞行原理

1. 固定翼无人机飞行原理

1）无人机受力分析

无人机在空中飞行时会受到升力、重力、推力和阻力的作用，如图 2-5 所示。

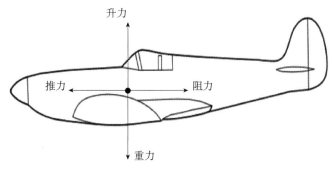

图 2-5　无人机受力图

升力由机翼提供，推力由发动机提供，重力由地心引力产生，阻力由空气产生。当无人机平衡时，作用于无人机的力刚好平衡，如果无人机产生运动，那么作用于无人机的力就不平衡了，根据牛顿第二定律，物体会产生加速度，我们将力分解为 X 轴（滚转轴）、Z 轴（偏航轴）、Y 轴（俯仰轴）方向上的轴力平衡和弯矩平衡，轴力的不平衡会产生合力方向上的加速度，弯矩的不平衡会产生旋转加速度，X 轴不平衡会产生滚转，Z 轴不平衡会产生偏航，Y 轴不平衡会产生俯仰。无人机坐标系如图 2-6 所示。

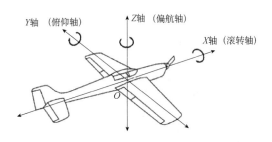

图 2-6　无人机坐标系

惯性坐标系 $E(X,Y,Z)$ 是数学中常用的坐标系，(X,Y,Z) 坐标代表物体在三维空间中的位置，机体坐标系 $B(\varphi,\theta,\psi)$ 代表无人机绕 X 轴、Y 轴、Z 轴旋转的角度。

假设无人机的机头朝向 X 轴正方向，无人机在 XOY 平面内，Z 轴正方向是无人机上方，则三个角 φ，θ，ψ 表示为：

俯仰角（pitch）θ：机体轴与地平面（水平面）之间的夹角，以无人机抬头方向为正方向。

航向角（yaw）ψ：机体轴在水平面上的投影与地轴（地球的自转轴）之间的夹角，以无人机机头右偏方向为正方向，又称方位角。

滚转角（roll）φ：无人机对称面绕机体轴转过的角度，以无人机右滚方向为正方向，又称倾斜角。

2）无人机飞行运动方式

根据无人机的受力情况不同，无人机的飞行运动方式分为俯仰运动、偏航运动、滚转运动、升降运动。

（1）俯仰运动。

无人机机头向上、机尾向下，或机头向下、机尾向上的运动方式叫作俯仰运动，如图 2-7 所示。

图 2-7　俯仰运动图 1

（2）偏航运动。

无人机机尾的方向舵向左偏转、机头向左偏转，或机尾的方向舵向右偏转、机头向右偏转的运动方式叫作偏航运动，如图 2-8 所示。

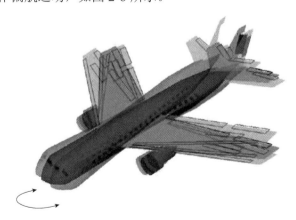

图 2-8　偏航运动图 1

（3）滚转运动。

无人机机头方向保持不变，左侧副翼上升、右侧副翼下降，或左侧副翼下降、右侧副翼上升的运动方式叫作滚转运动，如图 2-9 所示。

图 2-9 滚转运动图 1

（4）升降运动。

当无人机升力总和大于机身重力时，无人机上升；当无人机升力总和小于机身重力时，无人机下降。这种运动方式叫作升降运动。

3）升力产生的原理

当气流迎面流过机翼时，机翼同气流方向平行，原来的一股气流由于机翼的插入被分成上下两股。在翼剖面前缘附近，气流开始分为上、下两股的那一点的气流速度为零，静压值达到最大，这一点在空气动力学上称为驻点。对于上下弧面不对称的翼剖面来说，这个驻点通常是在翼剖面的下表面。在驻点处气流分岔后，因为上方的那股气流不得不绕过前缘，所以它需要以更快的速度流过机翼上表面。因为机翼上表面拱起，使上方那股气流的通道变窄，机翼上方的气流截面要比机翼前方的气流截面小，流线比较密，所以机翼上方的气流速度大于机翼前方的气流速度；因为机翼下方是平的，机翼下方的流线疏密程度几乎没有变化，所以机翼下方的气流速度和机翼前方的气流速度基本相同。通过机翼以后，气流在后缘又重新合成一股。根据气流的连续性定理和伯努利定理可以得知，机翼下表面受到的向上的压力比机翼上表面受到的向下的压力要大，这个压力差会使机翼产生升力，如图 2-10 所示。

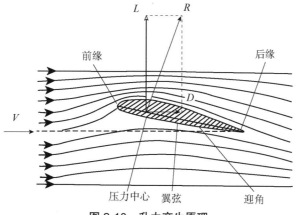

图 2-10 升力产生原理

4）无人机飞行控制

对无人机的控制主要有升降运动、滚转运动、偏航运动和俯仰运动 4 种。下面以固定翼无人机为例，介绍无人机的 4 种运动方式。

（1）升降运动。

控制无人机起飞时，将左手摇杆油门通道慢慢向上推，使固定翼无人机加速到足够的速度，将右手摇杆升降舵通道慢慢向下拉，无人机俯仰角增大，无人机转为爬升姿态。无人机升空后，调整无人机俯仰角为 0°，操纵左手摇杆油门通道上下移动，可实现无人机的升降运动。

（2）滚转运动。

操纵右手摇杆副翼通道，实现固定翼无人机绕着纵轴运动，即滚转运动。操纵右手摇杆副翼通道向左移动，左副翼向上，右副翼向下，无人机发生左滚转；操纵右手摇杆副翼通道向右移动，无人机发生右滚转。

（3）偏航运动。

操纵左手摇杆方向舵通道，实现偏航运动。操纵左手摇杆方向舵通道慢慢向左移动，方向舵向左偏转，使无人机机头向左偏转；操纵左手摇杆方向舵通道慢慢向右移动，方向舵向右偏转，使无人机机头向右偏转。

（4）俯仰运动。

操纵右手摇杆升降舵通道，实现俯仰运动。操纵右手摇杆升降舵通道慢慢向上推，无人机机头俯冲下降；操纵右手摇杆升降舵通道慢慢向下拉，无人机机头仰起上升。升降舵可操纵无人机水平尾翼，控制无人机的俯仰运动。

2. 四旋翼无人机飞行原理

目前，无人机爱好者与无人机初学者使用更多的是四旋翼无人机，下面介绍一下四旋翼无人机的飞行原理。

1）四旋翼无人机飞控系统

四旋翼无人机的飞行主要是由飞控系统来控制的，它是无人机的"大脑"。飞控系统一般由飞控板、IMU（惯性测量单元）、GPS 指南针模块、气压传感器、空速传感器和 LED 指示灯模块等部件组成。

（1）飞控板。

飞控板是飞控系统的核心，它将 IMU、GPS 指南针模块、舵机和遥控接收机等设备接入飞控系统，从而实现无人机的自主飞行功能。

（2）IMU。

IMU 包含三轴加速度计、三轴陀螺仪和三轴磁力计，可以高精度感应无人机的姿态、角度、速度和高度。

（3）GPS 指南针模块。

GPS 指南针模块包含 GPS 模块和指南针模块，用于精准确定无人机的方向及经纬度，对于失控保护、自动返航、精准定位、悬停等功能的实现至关重要。

2）无人机飞行控制

通过调节 4 个电机的转速，可以改变四旋翼无人机的旋翼转动速度，以实现升力的变化，从而控制无人机的姿态和位置。四旋翼无人机是一种 6 自由度的垂直升降机，只有 4 个输入力，同时却有 6 个状态输出，所以它又是一种欠驱动系统。

四旋翼无人机通过飞控板的 IMU 检测无人机的飞行加速度、角速度，从而判断无人机的飞行姿态，通过无线通信模块接收遥控器的摇杆动作指令信息，并将信息传输到控制模块，飞控系统通过运算、判断并下达指令，将指令转换成电流信号，驱动 4 个无刷电机的转动，完成动作和飞行姿态的调整。

在四旋翼无人机的旋翼转动过程中，会形成与转动方向相反的反扭矩，为了克服反扭矩的影响，可使 4 个旋翼中的 2 个旋翼正转，2 个旋翼反转，且对角线上的 2 个旋翼转动方向相同。反扭矩的大小与旋翼转速有关，当 4 个电机转速相同时，4 个旋翼产生的反扭矩相互平衡，四旋翼无人机不发生转动；当 4 个电机转速不完全相同时，不平衡的反扭矩会引起四旋翼无人机运动。

四旋翼无人机的基本运动状态有升降运动、俯仰运动、滚转运动、偏航运动。

根据四旋翼对称的组成结构，四旋翼无人机通常有两种结构的飞行姿态："十"字形结构飞行姿态和"X"形结构飞行姿态。"十"字形结构飞行姿态是将处于同一水平线的一对机架梁作为 X 轴，而另一对机架梁作为 Y 轴；"X"形结构飞行姿态是将相应两个机架梁的对称轴线作为 X 轴，另一条对称轴线作为 Y 轴。"X"形结构飞行姿态与"十"字形结构飞行姿态不同，下面以"X"形结构飞行姿态为例，介绍四旋翼无人机的飞行原理。

（1）升降运动。

升降运动相对简单，在保证四旋翼无人机每个旋翼旋转速度相同的情况下，同时令每个旋翼提高或降低相等的转速，便可实现无人机的升降运动。当同时提高 4 个旋翼的转速时，旋翼产生的总升力大于四旋翼无人机的重力，四旋翼无人机便会垂直上升；反之，当同时降低 4 个旋翼的转速时，旋翼产生的总升力小于四旋翼无人机的重力，四旋翼无人机便会垂直下降，从而实现四旋翼无人机的升降运动，如图 2-11 所示。

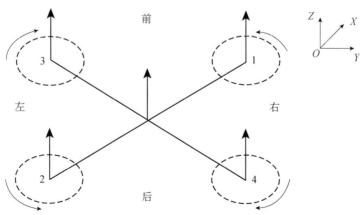

注：4个电机转速同时提高

图 2-11 升降运动图

　　升降运动主要靠遥控器左手摇杆油门通道的控制，向上推左手摇杆油门通道，无人机上升；向下拉左手摇杆油门通道，无人机下降。

　　悬停状态是四旋翼无人机的一个显著特点。在悬停状态下，四旋翼无人机的 4 个旋翼具有相等的转速，产生的上升合力正好与自身重力相等。

　　（2）俯仰运动。

　　四旋翼无人机有 4 个驱动电机和 4 个桨叶。电机的编号按照右上角电机为 1 号电机、左上角为 3 号电机、左下角为 2 号电机、右下角为 4 号电机的方式排列，如图 2-12 所示。1 号电机、3 号电机的转速同时提高，2 号电机、4 号电机的转速不变，产生的不平衡力矩使机身绕 Y 轴旋转，无人机向后倾斜飞行。同理，1 号电机、3 号电机的转速不变，2 号电机、4 号电机的转速同时提高，机身绕 Y 轴向另一个方向旋转，无人机向前倾斜飞行，实现无人机的俯仰运动，如图 2-12 所示。

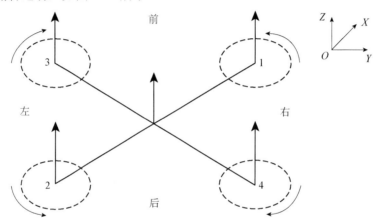

注：2号电机与4号电机转速同时提高，1号电机与3号电机转速不变

图 2-12　俯仰运动图 2

　　俯仰运动的控制主要靠遥控器右手摇杆俯仰通道实现，向上推右手摇杆俯仰通道，无人机向前俯冲飞行；向下拉右手摇杆俯仰通道，无人机仰头向后飞行。

　　（3）滚转运动。

　　滚转运动是通过改变左右两端旋翼转速，使得左右旋翼之间形成一定的升力差，在无人机机体左右对称轴上产生一定力矩引起加速度的改变，实现无人机的滚转运动的。2 号电机、3 号电机的转速同时提高，1 号电机、4 号电机的转速不变，产生的不平衡力矩使机身绕 X 轴旋转，无人机绕机体轴（X 轴）向右倾斜飞行。同理，2 号电机、3 号电机的转速不变，1 号电机、4 号电机的转速同时提高，机身绕机体轴（X 轴）向另一个方向旋转，无人机向左倾斜飞行，实现无人机的滚转运动，如图 2-13 所示。

　　滚转运动的控制主要靠遥控器右手摇杆滚转通道实现，向左推右手摇杆滚转通道，无人机向左倾斜飞行；向右推右手摇杆滚转通道，无人机向右倾斜飞行。

　　（4）偏航运动。

　　四旋翼无人机的偏航运动是同时改变对角旋翼的转速，使得相邻旋翼之间形成一定的升力差，在无人机立轴（Z 轴）上产生一定力矩，引起角加速度变化来实现控制的。1 号电机、2 号电机的转速同时提高，3 号电机、4 号电机的转速不变，产生的不平衡力矩使机身绕 Z 轴旋转，无人机向右偏航飞行。同理，1 号电机、2 号电机的转速不变，3 号电机、4 号电机的转速同时提高，机身绕 Z 轴向另一个方向旋转，无人机向左偏航飞行，实现无人机的偏航运动，如图 2-14 所示。

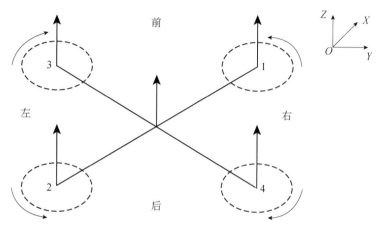

注：2号电机与3号电机转速提高，1号电机与4号电机转速不变

图 2-13　滚转运动图 2

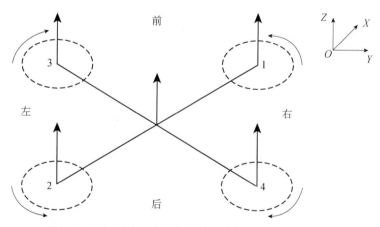

注：1号电机与2号电机转速同时提高，3号电机与4号电机转速不变

图 2-14　偏航运动图 2

实训 2 无人机飞行原理之我见

实训描述：

如果一位无人机初学者来向您咨询无人机是怎么飞上天空的，那么请您用图文并茂的文档向无人机初学者介绍无人机飞行原理，使无人机初学者了解无人机的桨叶是如何转动的，掌握无人机升力的产生方式。

实训要求：

① 文档语言要流畅，能使无人机初学者对无人机飞行原理有一定的认知。

② 文档内容要包含无人机空气动力学知识和无人机桨叶转动原理。

③ 文档字数要求 500～1000 字，图文并茂。

 ## 项目总结

本项目主要介绍了无人机飞行系统和不同平台的无人机结构，使无人机初学者了解无人机的飞行系统组成原理；详细介绍了无人机的空气动力学知识，使无人机初学者了解大气、气压、空气的相对运动原理等知识；重点介绍了不同平台无人机的飞行原理，使无人机初学者了解无人机在空中的受力、无人机升力产生的原理。通过项目使无人机初学者对无人机飞行原理有一个清晰的认知，增强他们继续学习无人机的自信心。

项目3　无人机模拟操控

📖 项目描述

"纸上得来终觉浅"，在了解了无人机飞行原理后，很多无人机初学者已经跃跃欲试了，很想体验操控无人机飞行的快乐。虽然无人机越来越平民化，但是"炸机"对无人机初学者来说也是一种心理负担。能否先在模拟操控软件上进行飞行练习，待操作熟练之后，再进行真机飞行呢？无人机模拟操控环境是什么样的呢？

📖 项目任务

对于无人机初学者来说，要完成项目内容需要学习以下任务：

任务 3.1　熟悉无人机模拟操控基础知识

任务 3.2　搭建无人机模拟操控环境

任务 3.3　掌握无人机模拟操控方法

任务 3.4　无人机模拟操控实践

扫一扫
看微课

无人机模拟操控

任务 3.1 熟悉无人机模拟操控基础知识

无人机模拟操控是指在计算机上安装无人机模拟操控软件，通过多场景、多型号无人机、多视角操控模式，使无人机初学者身临其境地操控无人机飞行。

1. 无人机模拟操控的特点

① 真实体验：通过模拟软件的设置，使之更加接近真实的飞行环境。

② 方便练习：不受场地、天气、设备的影响，只要有一台计算机就可以一遍一遍、随心所欲地练习。

③ 减少成本：在模拟操控软件中磨炼技巧，减少无人机初学者在操控无人机飞行时"炸机"造成的损失。

④ 丰富体验：软件中有多型号、多视角操控模式、多场景设置，可以轻松体验各种无人机的飞行操控感觉。

⑤ 有效练习：模拟操控软件中有模拟飞行的教学练习模式。

2. 常见无人机模拟操控软件

目前市面上的几款无人机模拟操控软件都比较好，如凤凰模拟器软件、大疆飞行模拟器软件、RealFlight 模拟器软件等。

1）凤凰模拟器软件

凤凰模拟器软件是目前遥控模拟飞行中最经典、使用人数最多的一款无人机模拟操控软件，无数大师级人物在第一次拿起遥控器时，使用的就是凤凰模拟器软件，在这个软件中，用户可以操控各种各样的无人机在天空中自由地翱翔，体验从未有过的飞行乐趣，如图 3-1 所示。

图 3-1 凤凰模拟器软件

凤凰模拟器软件有很多飞行场景，如草地、海景、森林、雪原、城市等，场景真实、带入感强。升级后的模拟器，新增了超大 3D 场景，还开放了 FPV 模式。该软件不仅可以还原无人机飞行时的相机视角，还可以训练对飞行画面的把握程度，以提升飞行技能。

2）大疆飞行模拟器软件

大疆飞行模拟器软件是一款由大疆官方推出的无人机模拟操控软件，用户可以通过这款软件在家学习无人机的操作方法。它能够模拟各种复杂的飞行环境，支持众多型号的大疆无人机，足不出户即可练习操控无人机飞行，如图 3-2 所示。

图 3-2　大疆飞行模拟器软件

大疆飞行模拟器软件的特点如下。

① 沉浸式飞行体验：大疆飞行模拟器软件提供丰富的感官体验和互动反馈，通过模拟大疆无人机的多种飞行模式、飞行视角和物理特性，帮助用户在沉浸式的练习中快速提升飞行技能。

② 仿真环境互动：通过三维渲染引擎对无人机模型及多种场景进行仿真，细节生动，重现各类飞行状况，为实际作业中出现的各种状况做足准备。

③ 无缝连接：连接计算机及大疆无人机遥控器，即可轻松安装和访问大疆飞行模拟器软件。

④ 多系列模拟机型："御" Mavic 系列、精灵 Phantom 系列、"悟" Inspire 系列、经纬 M200 系列、T16 植保无人机等模拟机型。

3）RealFlight 模拟器软件

RealFlight 模拟器软件是目前拟真度最高的一款无人机模拟操控软件，拥有细腻的设定，拟真度及画面更是无人能及，如图 3-3 所示。原来的 RealFlight Generation 4.5 完全改头换面后，推出的全新版本称为 RealFlight Generation 5/5.5，深受无人机爱好者的喜欢，目前最新版本为 RealFlight 9.5。

图 3-3　RealFlight 模拟器软件

RealFlight 模拟器软件的特点如下。

① 画面漂亮，具有 3D 仿真场景，从机体排烟的浓淡到天空云彩的颜色都可以自行定义。

② 飞行模组及对风的特性拟真度极高，持续风、阵风、随机风向任用户选择。

③ 可与他人连线飞行。具有录像功能，可以录制飞行挡位，观看飞行时还可以显示摇杆的动作。

④ 飞行中可以在画面上显示机体各项数据，如螺距、主旋翼转速等。

⑤ 价格昂贵，且在国内无原版售卖。

⑥ 硬件需求高，如果没有高档的显示卡，那么根本无法运行。

任务 3.2　搭建无人机模拟操控环境

对于无人机初学者来说，凤凰模拟器软件是一款不错的无人机模拟操控软件，本书以凤凰模拟器软件为例，介绍无人机模拟操控环境的搭建。

1. 无人机模拟操控软、硬件清单

无人机模拟操控需要准备相应的软件和硬件设备。无人机模拟操控软、硬件清单如表 3-1 所示。

表 3-1　无人机模拟操控软、硬件清单

分类	名称	版本号/型号	作用
软件	凤凰模拟器软件	5.0	模拟场景、机型、视觉等信息
硬件	遥控器	富斯 FSi6b	摇杆操控无人机
	加密狗	G7	进行信号的转换

以上是本项目所需的设备型号，初学者可以根据实际情况进行选择。

2. 凤凰模拟器软件的安装

获取凤凰模拟器软件有两种方式。

① 购买加密狗，安装其自带的光盘。

② 可以从百度网盘链接下载。

将凤凰模拟器软件安装文件存放到计算机硬盘中，本书存在 D 盘目录下。

第一步：打开存放凤凰模拟器软件的文件夹，双击"setup.exe"安装软件，选择"中文（简体）"选项，单击"确定"按钮，如图 3-4 所示。

图 3-4　选择语言

第二步：进入安装向导界面，单击"下一步"按钮，注意安装的位置，也可以在其他盘下安装，但最好不要安装在 C 盘，如图 3-5 所示。

图 3-5　安装向导

第三步：输入或选择安装位置，本书安装在 E 盘 PhoenixRC 文件夹（如 E:\PhoenixRC）下，单击"下一步"按钮，如图 3-6 所示。

图 3-6　选择路径

第四步：在安装向导界面，单击"安装"按钮，等待安装完成，如图 3-7 所示。

图 3-7　安装准备

第五步：在安装向导界面，单击"结束"按钮，完成凤凰模拟器软件的安装，如图 3-8 所示。

图 3-8　安装完成

安装完成后，桌面上就会出现凤凰模拟器软件的图标了，如图 3-9 所示。

注意：

① 安装过程中尽量关闭 360 软件、安全卫士等杀毒软件，防止报错。

② 如果安装凤凰模拟器后，发现无法正常打开，那么可能是由于安装文件太大，在下载时损坏，需要重新下载安装包进行安装。

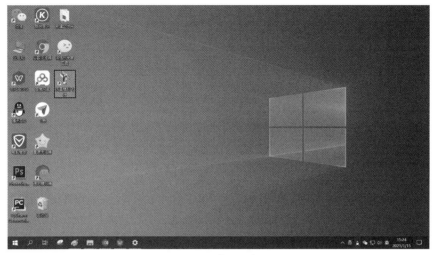

图 3-9　桌面图标

任务 3.3 掌握无人机模拟操控方法

马上要开始进行模拟操控了，下面介绍一下遥控器、加密狗和凤凰模拟器软件的使用方法。

1. 遥控器的使用方法

本书采用富斯 FSi6b 遥控器（美国手）进行讲解，如图 3-10 所示。遥控器的使用方法大同小异，如果购买其他型号遥控器，那么可根据说明书自行学习。

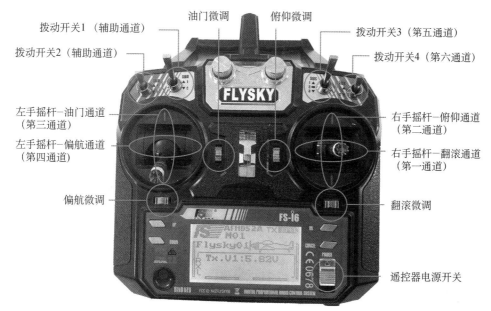

图 3-10 遥控器功能

1）第一通道

右手摇杆的左右方向是第一通道，控制无人机的滚转运动，将摇杆向左拨动，无人机沿机头方向（X 轴）左侧转动，实现向左滚转；将摇杆向右拨动，无人机沿机头方向（X 轴）右侧转动，实现向右滚转。

2）第二通道

右手摇杆的上下方向是第二通道，控制无人机的俯仰运动，将摇杆向上拨动，无人机沿垂直于机头方向竖直面（Z 轴）向下转动，实现向前俯冲飞行；将摇杆向下拨动，无人机沿垂直于机头方向竖直面（Z 轴）向上转动，无人机上仰向后飞行。

3）第三通道

左手摇杆的上下方向是第三通道（油门），控制无人机的升降运动，若将摇杆向上拨动，油门增大，则升力增大，无人机上升；若将摇杆向下拨动，油门减小，则升力减小，无人机下降。

4）第四通道

左手摇杆的左右方向是第四通道，控制无人机的偏航运动，摇杆向左，无人机沿垂直于机头水平方向竖直面（Y 轴）左侧转动，实现逆时针旋转；摇杆向右，无人机沿垂直于机头水平方向竖直面（Y 轴）右侧转动，实现顺时针旋转。

5）拨杆开关

除了摇杆，还有 4 个拨杆开关，每个拨杆开关对应一个通道，遥控器可以根据需要自行设置拨杆开关到对应的通道。拨杆开关一般与飞控系统配套使用，可以实现定点、定高、返航等操作。本书把遥控器右边的 SWC 和 SWD 设置为第五通道和第六通道。

6）旋钮

在遥控器的上方中间部分有两个旋钮（VRA、VRB），旋钮开关一般在航拍时用于调节云台角度，使用一个按钮开关就可以控制相机焦距。使用旋钮开关前需要先设置好旋钮开关的通道，然后将云台的舵机信号线插在对应的通道上。

7）其他

遥控器的组成除了摇杆、拨杆开关、旋钮开关，还有天线、内部电路、电池等。但模拟操控不涉及此内容，本书不做介绍。

注意：

① 遥控器开机必须是在默认状态下，否则会报错，无法进入模拟操控界面。富斯 FSi6b 遥控器的默认状态是油门摇杆拉到最低位、所有拨动开关在最小挡位或 0 挡位。

② 遥控器在长时间不动的情况下，会发出"嘀嘀嘀"的响声，在不使用遥控器时最好将遥控器关机。

③ 如果遥控器被打开后"嘀嘀嘀"地响，那么可能是油门摇杆没有拉到最低位，或者是遥控器上面的 4 个拨杆开关没有被推到最高位。

2. 加密狗的使用方法

常用的加密狗有两种，一种是凤凰模拟器 G7（黄色），另一种是凤凰模拟器 8 IN 1（蓝色）。本书以凤凰模拟器 G7（黄色）加密狗为例进行讲解，如图 3-11 所示。

凤凰模拟器 G7 加密狗自带 4 挡开关，本书选用的模拟器为凤凰模拟器（PhoenixRC），在使用时，首先需要将加密狗的开关拨动到最下面的挡位"1.PhoenixRC"，然后将信号线的一端插在加密狗上，将加密狗插在计算机的 USB 接口处，系统自动安装驱动，最后将信号线的另一端连接转换线后插到遥控器上，如图 3-12 所示。部分遥控器可以直接用信号线连接，无须使用转接线。

图 3-11　加密狗

图 3-12　加密狗连接

　　如果加密狗的挡位设置不对，那么在凤凰模拟器软件界面会出现错误提示，建议先设置好挡位。

3. 凤凰模拟器软件的使用方法

　　将凤凰模拟器软件安装好后，双击模拟器图标，启动模拟器软件。

1）遥控器通道设置

　　第一步：进入凤凰模拟器软件主界面，单击"系统设置"选项卡，选择"遥控器通道设置"选项，系统弹出"遥控器通道"设置对话框，选中"SM2000"，单击左侧的下拉按钮，选择"SM2000-MODE"选项或根据机型选择"SM2000-DJI"选项，并在右侧选择"编辑配置文件"选项，如图3-13所示。

　　第二步：在"Edit Control Profile"对话框，单击"简要信息"按钮，把所有控制通道后面的对钩都去掉，如果选中，那么表示通道反向。例如，原来摇杆操作方向是左右方向，打钩后就变成右左方向（左右的方向对调），如图3-14所示。

若飞行时发现遥控器的通道与预期的不一样,则需要进行反向设置。

第三步:在"Edit Control Profile"对话框,单击"引擎"右侧的下拉按钮,选择 "Controller channel 3"选项,桨距选择"Controller channel 3"选项,升降舵选择"Controller channel 2"选项,副翼舵选择"Controller channel 1"选项,方向舵选择"Controller channel 4"选项,如图3-15所示。

图 3-13 遥控器通道设置

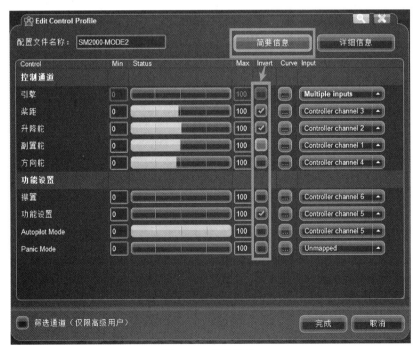

图 3-14 简要信息

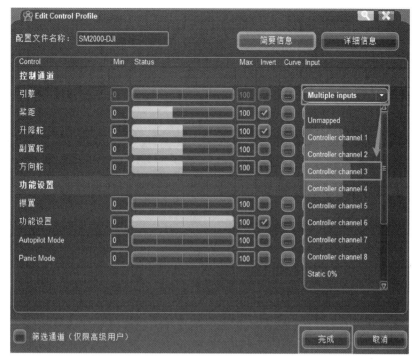

图 3-15　channel 选择图

单击"完成"按钮，完成对遥控器通道的设置。

2）校准遥控器

第一步：在凤凰模拟器软件主界面，单击"系统设置"选项卡，选择"校准遥控器"选项，系统弹出"校准遥控器"对话框，单击"校准"按钮，如图 3-16 所示。

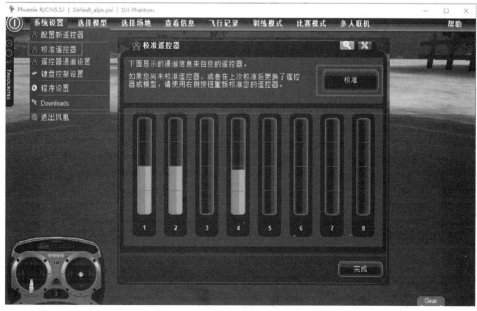

图 3-16　校准遥控器

第二步：在"校准遥控器 Wizard"对话框，先单击"下一步"按钮，完成这一步骤后再单击"下一步"按钮，如图 3-17 所示。

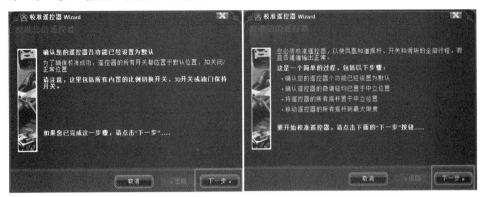

图 3-17　默认设置

第三步：在"将所有摇杆置于中立位置"对话框，拿出遥控器，先将遥控器两侧的摇杆摆正到中间刻度位置，然后单击"下一步"按钮，如图 3-18 所示。

第四步：在"移动所有摇杆到最大限度"对话框，握住遥控器摇杆，先缓慢沿摇杆最大、最小量程画圆，确保摇杆能触及每个角落，然后单击"下一步"按钮，如图 3-19 所示。

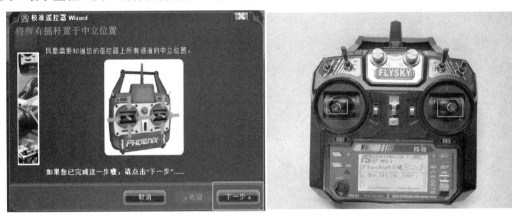

图 3-18　摇杆中立放置

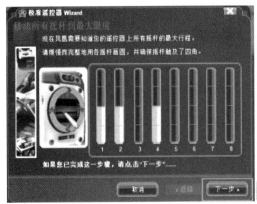

图 3-19　打满舵量

第五步：在"移动所有开关到最大位置"对话框，先来回拨动遥控器上面的 4 个拨杆开关，确保将每个开关都测试一遍，然后单击"下一步"按钮，如图 3-20 所示。

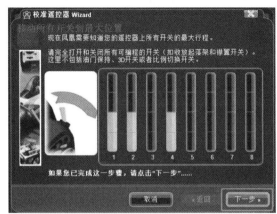

图 3-20　遥控器开关

第六步：在"检查校准效果"对话框，检查黄色进度条是否达到相应通道最大或最小的极限值。如果达到最大或最小值，那么证明遥控器已经校准好了。在"校准遥控器"对话框，单击"完成"按钮，完成对遥控器的校准，如图 3-21 所示。

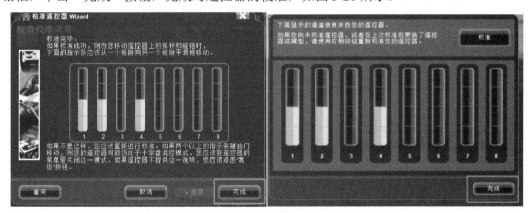

图 3-21　完成对遥控器的校准

3）视角的选择

凤凰模拟器软件提供了多种飞行视角。在 2D 模式下，飞行视角有自由视角、普通视角、转变视角和始终看到地面视角，3D 模式多了尾随视角和座舱视角。视角的选择方式是进入凤凰模拟器软件主界面，单击"查看信息"选项卡，选择"摄像机视角"选项，建议新手在 3D 场地下使用尾随视角，如图 3-22 所示。

4）场地的选择

凤凰模拟器软件提供了多种地形。在 2D 模式下，地形有飞机场、停车场、农场等；在 3D 模式下，地形有阿尔卑斯山、高地等；场地的选择方式是进入凤凰模拟器软件主界面，单击"选择场地"选项卡，选择"更换场地"选项，如图 3-23 所示。

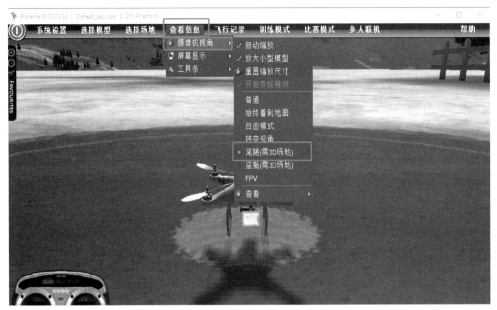

图 3-22 尾随视角

图 3-23 更换场地

5）机型的选择

凤凰模拟器软件提供了多种机型，机型的选择方式是进入凤凰模拟器软件主界面，单击"选择模型"选项卡，选择"更换模型"选项，可以选择喜欢的模型，如图 3-24所示。

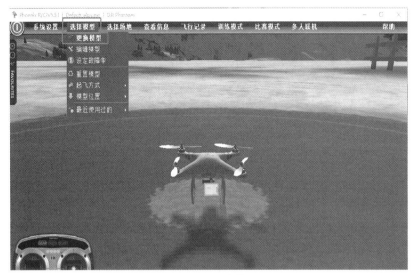

图 3-24　更换模型

机型总共分 5 大类，第 1 类叫作 Airplanes（固定翼），第 2 类叫作 Gliders（滑翔机），第 3 类叫作 Helicopters（直升机），第 4 类叫作 Others（其他类），第 5 类叫作 MUlti-rotors（多旋翼），Favourites 类中显示的是飞手比较喜欢的、常用的机型，如图 3-25 所示。

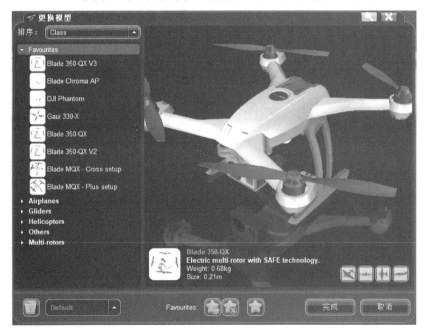

图 3-25　无人机机型

注意：

① 加密狗最好插在计算机后面的 USB 接口，如果插在计算机前面的 USB 接口，那么很容易被学生的腿碰到，造成加密狗外壳断裂、电线与电路板脱焊等问题。

② 遥控器的摆放要规范，在使用时建议将遥控器离桌面远一点，在不使用时，建议将

遥控器立式放置，避免损坏遥控器后面的转接头，如图 3-26 所示。

图 3-26　遥控器的摆放

③ 人员要有限制，每次每组模拟操控人员最好不要超过 4 人。

④ 指导老师要全程控场，及时纠正学生在操作过程中出现的不规范的行为。

⑤ 遥控器的拿握姿势要规范，食指和大拇指必须同时扶稳遥控器的摇杆，如图 3-27 所示。

图 3-27　遥控器的拿握姿势

任务 3.4　无人机模拟操控实践

下面要开始无人机模拟操控了！对于无人机初学者来说，采用递进式的训练方法，才能有效提升无人机模拟操控技能，本书从自稳型四旋翼无人机定点降落、自稳型固定翼无人机航线起降、非自稳型大疆无人机定点降落和非自稳型大疆无人机模拟竞技飞行 4 个阶段进行无人机模拟操控训练。

1. 自稳型四旋翼无人机定点降落

任务：操控自稳型四旋翼无人机完成定点降落。

第一步：在凤凰模拟器软件中找到更换机型的路径，在"更换模型"对话框，单击"Favourites"左侧的下拉按钮，选择"Blade 350-QX V3"选项，单击"完成"按钮，进行定点降落操作。该机型属于自稳型四旋翼无人机，易于操控，适合无人机初学者，如图 3-28 所示。

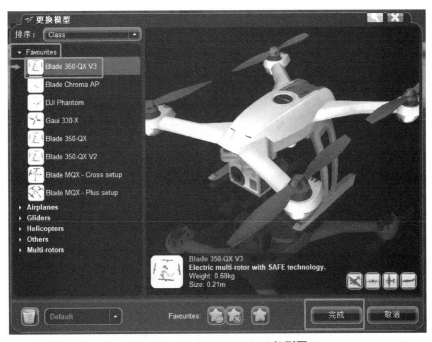

图 3-28　Blade 350-QX V3 机型图

第二步：操控遥控器，控制无人机移动到指定圆圈中。无人机飞出圆圈表示飞行任务未完成，无人机完全飞入圆圈内表示任务完成。根据飞手的训练情况，可以通过调整圆圈大小的方式来调整任务难度，如图 3-29 所示。

图 3-29　自稳型四旋翼无人机定点降落

2．自稳型固定翼无人机航线起降

任务：操控自稳型固定翼无人机沿着跑道起飞，并按航线成功降落。

第一步：在凤凰模拟器软件中找到更换机型的路径，在"更换模型"对话框，单击"Airplanes"左侧的下拉按钮选择"Electric"类别，选择"B-17'Flying Fortress'"选项，单击"完成"按钮，进行航线起降操作。该机型属于自稳型固定翼无人机，易于操控，适合无人机初学者，如图 3-30 所示。

图 3-30　B-17'Flying Fortress'机型图

第二步：操控遥控器，控制无人机飞行，要求无人机沿着跑道起飞，若飞出一段距离后，沿着跑道平稳着陆，则任务完成。若飞行过程中出现"炸机"或偏离跑道，则表示未完成任务，如图 3-31 所示。

图 3-31   自稳型固定翼无人机定点降落

根据飞手的训练情况，可以通过控制起飞和降落时间的方式来调整任务难度，也可以增加航线的巡逻点，使无人机飞到指定的地点后再返回起飞点降落。

3. 非自稳型大疆无人机定点降落

任务：操控非自稳型大疆无人机从起飞点降落到一个圆形着陆点。

第一步：在凤凰模拟器软件中找到更换机型的路径，在"更换模型"对话框，单击"Favourites"左侧的下拉按钮，选择"DJI Phantom"选项，单击"完成"按钮，进行定点飞行操作。该款无人机是非自稳型大疆无人机，属于进阶型训练机型，操控难度大，适合有基础且需要提升操控技能的学习者，如图 3-32 所示。

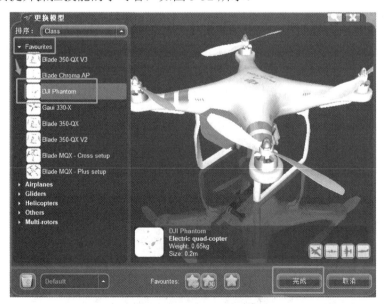

图 3-32   DJI Phantom 机型图

第二步：操控遥控器，控制无人机飞行，并使无人机平稳地降落到指定地点，表示任务完成；若飞行过程中出现"炸机"，则表示未完成任务，如图 3-33 所示。

图 3-33　非自稳型大疆无人机飞行

根据飞手的训练情况，可以通过控制时间或飞到房顶、栏杆等特定地点的方式来调整任务难度。

注意：

① 无人机初学者可以先选择尾随视角尝试低空飞行。

② 控制油门和方向时，幅度不要太大，慢慢地向着目标点前进。

4. 非自稳型大疆无人机模拟竞技飞行

任务：操控非自稳型大疆无人机，完成刺气球竞技赛。

第一步：在凤凰模拟器软件主界面单击"比赛模式"选项卡，选择"刺气球"选项，选择"DJI Phantom"机型进行比赛，在规定时间内谁的得分最多谁获胜。该款无人机是非自稳型大疆无人机，操控难度大，采用竞技方式进行训练，娱乐性强，适合已入门且需要提升操控技能的学习者，如图 3-34 所示。

图 3-34　选择刺气球模式

第二步：操控遥控器，控制无人机飞行，单击"开始"按钮，朝着气球方向飞行，击中气球表示刺中，获得分数，刺不中不得分，时间结束后，谁的得分最高谁获胜，如图 3-35 所示。

图 3-35　刺气球比赛

经过 4 个阶段的无人机模拟飞行训练，无人机初学者的无人机操控技能显著提升，从而为后续的真机飞行打好基础。

实训3 无人机模拟操控进阶训练

实训描述：

无人机模拟操控软件不仅提供了很多种无人机机型、飞行场景，还提供了改变飞行环境的参数设置选项，请您先熟悉每款无人机的操控方法，然后设置环境参数以增加飞行难度，更好地模拟真实环境，开启进阶式飞行训练，提升模拟操控技能。

实训要求：

① 改变飞行环境的参数设置，增加飞行难度。

② 模拟飞行路径要完整，包括起飞点和降落点。

③ 飞行时间为 3～5min。

 项目总结

本项目主要介绍了无人机模拟操控基础知识、常见模拟操控软件，使无人机初学者了解无人机模拟操控的应用；详细介绍了无人机模拟操控的环境搭建过程，使无人机初学者学会安装无人机模拟操控软件；重点介绍了无人机模拟操控的操控方法，使无人机初学者学会遥控器、加密狗和模拟飞行软件的使用方法；详细介绍了无人机模拟训练任务，使无人机初学者了解自稳型、非自稳型无人机，固定翼、旋翼无人机的训练任务。通过项目使无人机初学者掌握无人机模拟操控的方法和技巧，通过互动增强体验感，使无人机初学者更加热爱无人机。

项目 4　无人机组装

 项目描述

　　无人机模拟操控虽然满足了无人机初学者的感官体验，但是它又开始点燃无人机初学者想拥有一架属于自己的 DIY 无人机的热情，无人机初学者开始向无人机爱好者角色转变。拥有一架专属于自己的 DIY 无人机是每一个无人机爱好者开启无人机之旅的最初梦想，组装一架无人机要准备哪些材料和工具呢？组装流程又是怎么样的呢？

项目任务

　　对于无人机初学者来说，要完成项目内容需要学习以下任务：

　　任务 4.1　熟悉四旋翼无人机基础知识

　　任务 4.2　搭建四旋翼无人机组装环境

　　任务 4.3　四旋翼无人机组装实践

扫一扫
看微课

无人机组装

任务 4.1 熟悉四旋翼无人机基础知识

近年来消费级无人机市场发展迅速，多旋翼无人机以其精致小巧和优良的操控性能等优点成为非常热销的产品。对于无人机初学者来说，可以先从多旋翼无人机的组装开始学起。

多旋翼无人机是一种具有 3 个及以上旋翼轴的、特殊的无人驾驶直升机。它通过每个轴上的电动机转动带动旋翼转动，从而产生上升的推力，通过改变不同旋翼之间的相对转速，来控制无人机的运行姿态。

多旋翼无人机的特点如下。

① 体积小、质量小、噪声小、隐蔽性强，适合多平台、多空间使用。

② 可以垂直起降，不需要使用弹射器、发射架进行发射。

③ 飞行高度低，具有很强的机动性，执行特种任务能力强。

④ 结构简单、控制灵活、成本低、安全性高、拆卸方便，且易于维护。

随着四旋翼无人机的广泛使用，四旋翼无人机已经成为无人机初学者学习无人机的首选，各大高校的竞技比赛也多以四旋翼无人机为竞赛平台。本书以四旋翼无人机为例，介绍无人机的组装原理。

1. 四旋翼无人机的总体构成

四旋翼无人机包括机架、动力系统及指挥控制系统。机架包括机身、机臂、起落架；动力系统包括电机、电调、桨叶和电池；指挥控制系统包括遥控器、遥控接收机、飞控、数传电台、地面站及 GPS 模块，如图 4-1 所示。

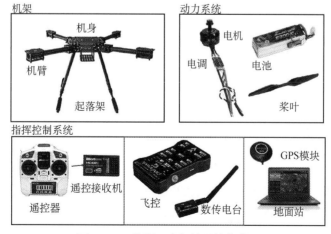

图 4-1 四旋翼无人机的总体构成图

2. 四旋翼无人机的物理结构

四旋翼无人机的常见物理结构形式有两种："十"字形结构和"X"形结构，如图4-2所示。

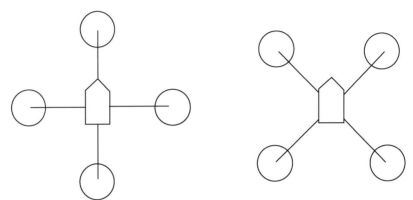

图 4-2 "十"字形结构和"X"形结构无人机的物理结构

四旋翼无人机的"X"形结构飞行姿态是通过同时控制4个电机的转速来实现的，相比"十"字形结构飞行姿态来说控制要复杂，但是，该方式联动性较好，具体区别如表4-1所示。

表 4-1 "十"字形结构和"X"形结构飞行姿态的区别

序号	内容	"十"字形结构	"X"形结构
1	运动主体	以向前运动为例，"十"字形结构无人机的头电机减速，尾电机加速，两边电机速度不变	以向前运动为例，"X"形结构无人机的前面两个电机同时减速，后面两个电机同时加速
2	机头方向	"十"字形结构无人机将其自身的一个机臂作为机头方向	"X"形结构无人机将两个电机中间的方向作为机头方向
3	适合范围	适合新手	"X"形结构更灵活，适合飞特技。因为"X"形结构的三轴姿态需要4个电机同时调整，即调整的力量大，而且更快

3. 四旋翼无人机的材质

机架最重要的一个参数就是自身的质量，为了克服机身自重，机架需要设计得尽可能轻，常见的机身材料有塑料和碳纤维两种。

1）塑料机架

塑料的密度较小，质量较小，但强度和刚度不大，制作比较容易，塑料材质的机架价格低廉，更适合普通无人机和航模爱好者，如图4-3所示。

2）碳纤维机架

碳纤维的密度小、强度和刚度高，在无人机飞行过程中有减振效果，使飞行更加平稳，是常见的无人机机架材料，但碳纤维的加工比较困难，价格比较高，一般适合商业级或工业级无人机，专业级飞手更喜欢碳纤维机架的无人机，如图 4-4 所示。

图 4-3　塑料机架

图 4-4　碳纤维机架

4. 四旋翼无人机的重要部件

1）飞控板

飞控板是四旋翼无人机的核心设备。目前，飞控板的主要品牌有 PIX、NAZA（哪吒）、APM、零度、MWC、玉兔等，如图 4-5 所示。因为在竞技比赛中，无人机多采用开源的 PIX 飞控板，所以本书采用 PIX 开源飞控板进行讲解。

2）电机

电机是由电动机主体和驱动器组成的，在整个飞行系统中承担着提供动力的作用，相当于无人机的发动机。常见的电机有无刷电机、有刷电机、无感无刷电机、有感无刷电机。目前，无人机多采用无刷电机。

每个无刷电机的 KV 值，表示外加 1V 电压对应每分钟空转的转数。例如，1000KV 电机，外加 1V 电压，电机空转时每分钟转 1000 转；外加 2V 电压，电机就空转 2000 转。不同 KV 值的电机如图 4-6 所示。

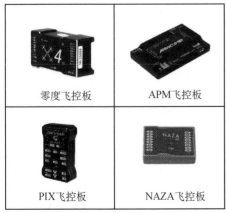

图 4-5　不同品牌的飞控板

图 4-6　不同 KV 值的电机

3）电调

电调的全称为电子调速器（Electronic Speed Controller，ESC）。在整个飞行系统中，电调主要通过调节驱动电机的电流来控制电机转速，从而控制无人机的飞行姿态。电调的作用：一是将电池降压到5V，以适合接收机和其他舵机的工作电压；二是从接收机获得油门信号，控制电机的转速，从而改变无人机的速度。现在的航模电调品牌有很多，国外以美国的凤凰最为出名，国内主要品牌有好盈、中特威、新西达、飞盈佳乐、银燕等，如图4-7所示。

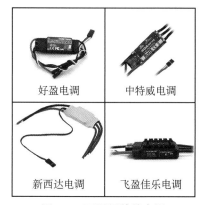

好盈电调　　　　中特威电调

新西达电调　　　飞盈佳乐电调

图4-7　不同品牌的电调

4）桨叶

桨叶是通过自身旋转产生多旋翼运动所需的力和力矩的部件，为飞行提供所需的动能。按材质分类，桨叶一般可分为尼龙桨、碳纤维桨和木桨等，常见的桨叶型号有8045MR、1045MR、1355MR等，如图4-8所示。其中，"1045"表示直径10英寸、螺距（螺旋桨每转一圈前进的距离）4.5英寸，前面2位代表桨叶的直径（单位：英寸，1英寸=25.4mm），后面2位代表桨叶的螺距，MR表示标准桨，SF表示慢速桨。

型号参数 长度为螺旋桨长度
型号：8045MR，长度为8英寸（203mm），螺距为4.5英寸
型号：9045MR，长度为9英寸（230mm），螺距为4.5英寸
型号：1045MR，长度为10英寸（254mm），螺距为4.5英寸
型号：1055MR，长度为10英寸（254mm），螺距为5.5英寸
型号：1145MR，长度为11英寸（280mm），螺距为4.5英寸
型号：1245MR，长度为12英寸（305mm），螺距为4.5英寸
型号：1355MR，长度为13英寸（331mm），螺距为4.5英寸
型号：1045SF，长度为10英寸（254mm），螺距为4.5英寸

图4-8　常见的桨叶型号

桨叶的安装原理：2组正转，2组反转，正反交替安装，可抵消桨叶旋转产生的反扭矩，从而使无人机保持平衡，不会自旋。

5）电池

电池是无人机的动力系统，为无人机提供电力来源。目前，在多旋翼无人机上一般采用普通锂聚合物电池或智能锂聚合物电池等。常见的电池型号如图4-9所示。

C代表电池的放电能力，这是普通锂电池和强动力锂电池最重要的区别，强动力锂电池需要很大的电流放电，这个放电能力就是用C来表示的，如1000mAh（毫安时）

的电池，标准为 5C，用 5×1000mAh 表示，得出电池可以以 5000mAh 的电流强度放电。如果用低 C 值的电池大电流放电，那么电池会迅速损坏，甚至自燃。

电池有低压保护设置，可以通过设置电池的低压报警提醒用户及时充电，来延长电池使用寿命，尽量不要等电调保护时才充电。

6）遥控器

遥控器是无人机的终端控制设备。遥控器在使用前需要与无人机接收机对频，接收机将遥控器发出的指令传送给飞控系统。常见的遥控器型号有乐迪 AT9S、天地飞 7、富斯 FSi6S、富斯 FSi6X，如图 4-10 所示。

7）机架

机架是无人机的承载平台，所有设备都是用机架承载起来飞上天空的，所以无人机机架的好坏，在很大程度上决定了无人机好不好用。无人机初学者常用的机架型号有 F330、F450、QAV250、F550 等，如图 4-11 所示。

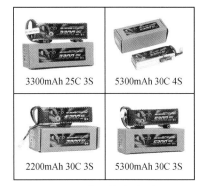

图 4-9 常见的电池型号

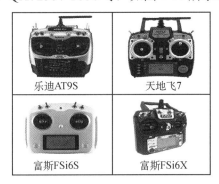

图 4-10 常见的遥控器型号

图 4-11 各种型号的机架

"450" 等数字表示四旋翼无人机的轴距，轴距是指机架对角电机中点间的距离，如图 4-12 所示。

图 4-12 无人机轴距

任务 4.2　搭建四旋翼无人机组装环境

1. 四旋翼无人机组装元器件清单

本书以四旋翼 F450 无人机为例，介绍无人机的组装流程。四旋翼 F450 无人机组装元器件清单如表 4-2 所示。

表 4-2　四旋翼 F450 无人机组装元器件清单

序号	硬件配件	数量	型号
1	机架	1 套（含上层板、下层板、机臂、脚架）	F450 机架
2	遥控器	1 套（含接收机）	富斯 FSi6S 遥控器、接收机
3	PPM 编码器与接收机	1 个	
4	电源模块	1 个	Pix 飞控专用电源模块
5	飞控	1 套（含飞控 1 个，蜂鸣器 1 个，安全开关 1 个，电流计 1 个，内存卡 1 张）	Pixhawk2.4.8
6	减振板	1 个	Pix 减振板
7	电机	4 个（含香蕉头、热缩管）	2812 无刷电机（CW 和 CCW）
8	电调	4 个	20A 乐天电调
9	桨叶	2 对	9450 尼龙正桨、9450 尼龙反桨
10	电池	1 块	4S 3300mAh 25C LI-PO 电池
11	低电压报警器	1 个	
12	解锁开关	1 个	
13	蜂鸣器	1 个	

2. 四旋翼 F450 无人机元器件实物图

四旋翼 F450 无人机元器件实物图如图 4-13 所示。

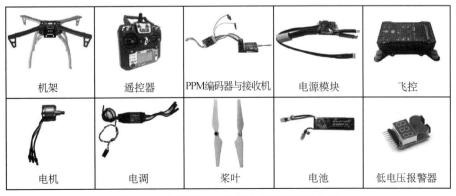

机架	遥控器	PPM编码器与接收机	电源模块	飞控
电机	电调	桨叶	电池	低电压报警器

图 4-13　四旋翼 F450 无人机元器件实物图

3. 无人机工具和配件清单

组装无人机还需要一些工具和配件清单，如表 4-3 所示。

表 4-3　无人机工具和配件清单

序号	名称	型号	数量	实物图
1	工具箱		1 个	
2	螺栓（固定电机）	M3×8	8 个	
3	螺栓（固定上层板）	M2.5×6	8 个	
4	螺栓（固定脚架）	M2.5×8	8 个	
5	内六角扳手		1 套	
6	电烙铁		1 个	
7	3M 胶贴		若干	

续表

序号	名称	型号	数量	实物图
8	尼龙扎带		若干	
9	电池扎带		1 个	
10	松香		1 盒	
11	焊锡丝		1 卷	

请按照无人机配件清单准备相关材料,可在电商网站购买或通过教师统一提供,为后续组装做准备。

任务 4.3　四旋翼无人机组装实践

准备好四旋翼无人机的元器件、工具和配件后，就可以开始进行四旋翼无人机组装实践了。

1. 焊接中心板

1）将电调焊接在中心板（下层板）上

从元器件中找出 4 个电调和 1 个中心板（下层板），将 4 个电调放置在下层板的 4 个角，使用电烙铁、松香、焊锡丝等工具和辅材，将电调上的红色线（正极）和黑色线（负极）分别焊接在中心板（下层板）的正极（+）和负极（−），如图 4-14（见彩图 1）所示。

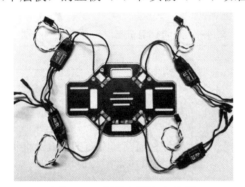

图 4-14　焊接电调与中心板

2）将电源线焊接在中心板（下层板）上

从元器件中找出电源线，放置在中心板（下层板）的电源区域，将电源线的红色线（正极）和黑色线（负极）分别焊接在中心板的正极（+）和负极（−），如图 4-15（见彩图 2）所示。

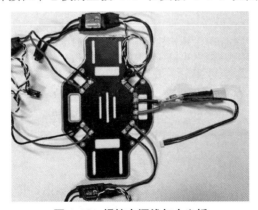

图 4-15　焊接电源线与中心板

2. 安装电机和机臂

从元器件中找出 2 个 CW 电机、2 个 CCW 电机、4 个机臂、16 个 M3×8 螺栓和螺丝刀，将 4 个电机按照型号和编号顺序分别安装在机臂上。

1）电机型号区分

注意 1 号、2 号电机为 CCW（逆时针）电机，3 号、4 号电机为 CW（顺时针）电机，如图 4-16 所示。

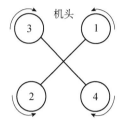

图 4-16　无人机电机机型示意图

顺时针电机与逆时针电机的区别如表 4-4 所示。

表 4-4　顺时针电机与逆时针电机的区别

序号	名称	特点	图片
1	顺时针电机	螺栓柱面顶端有向下凹点的电机为 CW 电机（顺时针旋转）	
2	逆时针电机	螺栓柱面顶端为平面的电机为 CCW 电机（逆时针旋转）	

2）机臂颜色

一般在购买机架时都会配备机臂，机臂一般有 2 种颜色，每种颜色 2 个，常规的颜色主要是红色、黑色和白色。本书采用的机臂颜色是红色和黑色。为了在无人机飞行时能区分机头和机尾，尽量把 1 号电机和 3 号电机装在同种颜色的机臂上，如图 4-17（见彩图 3）所示。

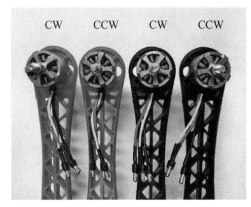

图 4-17 机臂与电机

使用螺丝刀和 M3×8 螺栓将电机装在机臂上。注意：电机线头一定要朝着机臂方向。

3. 安装中心板

1）安装脚架、中心板（下层板）

从元器件中找出刚焊接好的下层板、安装好电机的机臂、4 个脚架、8 个 M2.5×8 螺栓和螺丝刀，安装脚架、中心板（下层板）。确定机头方向，将电源线端放置在无人机机身右侧，本书以黑色机臂为机头方向，将装有 1 号电机的黑色机臂和装有 3 号电机的黑色机臂放置在上层板的机头位置，将装有 2 号电机的红色机臂和装有 4 号电机的红色机臂放置在下层板尾侧，如图 4-18（见彩图 4）所示。

将 4 个脚架放在下层板下面，用螺栓将机臂、下层板和脚架固定。为了线路整齐美观，电调的电源线需从脚架中间穿过，如图 4-19 所示。

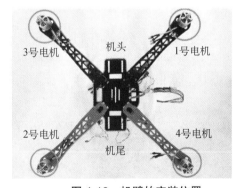

图 4-18 机臂的安装位置

图 4-19 电源线的走线

2）安装中心板（上层板）

从元器件中找出中心板（上层板）、16 个 M2.5×6 螺栓和螺丝刀，将机臂安装在上层板上，如图 4-20 所示。

4. 安装飞控

1）安装减振板

从元器件中找出减振板套件，将上减振板和下减振板用胶贴连接，如图 4-21 所示。

图 4-20 上层板安装

图 4-21 减振板安装

2）飞控粘接减振板

从元器件中找出飞控和 3M 胶贴，将 3M 胶贴裁剪成合适的大小，一面粘在飞控背面，另一面粘在减振板上，起到减振作用。注意飞控必须粘到减振板正中心位置，如图 4-22 所示。

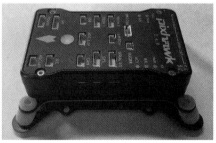

图 4-22 飞控粘接减振板

3）飞控粘接机架

将 3M 胶贴裁剪成合适的大小，一面粘在减振板下面，另一面粘在中心板（上层板）正中心位置，注意飞控盒上的箭头标识必须与机头方向一致，如图 4-23 所示。

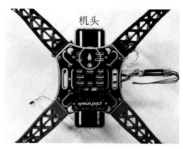

图 4-23　飞控粘接机架

5. 连接接线

1）将电调与飞控连接

从元器件中找出 4 个电调，将 1 号、2 号、3 号、4 号电调接线按顺序依次插在飞控 MAIN OUT 内的 1、2、3、4 接口，注意黑色线在最上面，白色线在最下面，黑色线为地线，白色线为信号线，如图 4-24（见彩图 5）所示。

图 4-24　电调与飞控连线

2）将 PPM 编码器与接收机连接

从元器件中找出 1 个接收机和 1 个 PPM 编码器，PPM 编码器输入端有 10 条线，其中黑色线为电源线负极（−）、红色线为电源线正极（＋）、白色线为信号线（S），将这 3 条线连接接收机的第一通道（CH1），其余 7 条线均为信号线（S），将橙色线、黄色线、绿色线、蓝色线、紫色线按顺序依次对应连接接收机的 CH2、CH3、CH4、CH5、CH6 通道，剩下的最后 2 条信号线在本书所述的操作中未使用，如图 4-25（见彩图 6）所示。

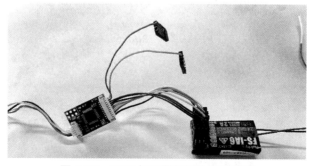

图 4-25　PPM 解码器与接收机连接图

3）将 PPM 编码器与飞控连接

首先将接收机和 PPM 编码器分别粘到中心板上，然后将 PPM 编码器信号输出端的黑色、红色、白色 3 条线连接飞控的 RC IN 插口，注意黑色线连接飞控正面方向（朝上），白色线连接飞控背面方向（朝下），如图 4-26（见彩图 7）所示。

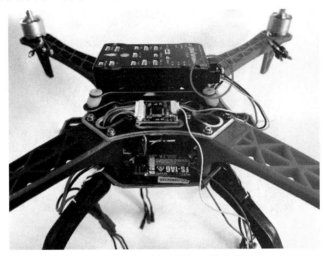

图 4-26   PPM 编码器与飞控连接图

4）将开关按钮、蜂鸣器、电源线与飞控连接

从元器件中找出 1 个开关按钮和 1 个蜂鸣器，将开关按钮连接飞控的 SWITCH 插口，将蜂鸣器连接飞控的 BUZZER 插口，将电源模块上的飞控电源线连接飞控的 POWER 插口，如图 4-27 所示。

图 4-27   开关按钮、蜂鸣器、电源线与飞控连接图

6. 安装电调

从元器件中找出 4 个电调和若干扎带，将 4 个电机的 3 条线和 4 个电调的 3 条线连接

（此时无须区分顺序，具体内容会在项目 5 中介绍），用扎带将线路、电调捆扎好，如图
4-28 所示。

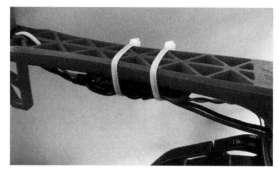

图 4-28　电调安装捆扎图

7. 整理、捆扎电线

将机身上所有电线捋顺、整理、捆绑，不能外露和乱翘，如图 4-29 所示。

图 4-29　线路整理图

8. 安装螺旋桨

安装螺旋桨时，需要区分正反螺旋桨，一般情况下，螺旋桨的螺帽有两种颜色，一种
是黑色，另一种是白色。找出 4 个螺旋桨（正反各 2 个），CCW（逆时针）电机对应白帽
桨叶，CW（顺时针）电机对应黑帽桨叶，如图 4-30 所示。

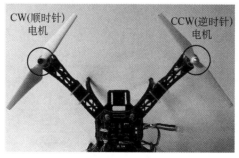

图 4-30　螺旋桨安装图

9. 安装固定电池

从元器件中找出 1 个电池和 1 个电池扎带，将电池放入上层板与下层板之间的空隙，用电池扎带将电池固定，如图 4-31 所示。

图 4-31　电池固定图

电池固定完成后，四旋翼 F450 无人机的组装已经完成，如图 4-32 所示。

图 4-32　组装完成效果图

注意：

① 在组装过程中要管理好元器件，特别是螺栓，它比较容易丢失。

② 组装时要区分电机机型，电机接线要朝中心板方向，防止反向。

③ 各种电线要梳理规整，尽量避免乱走线，影响飞行效果。

④ 飞控的连接线比较多，避免连错接口，否则影响后续飞行。

⑤ 防止电烙铁烫坏其他元器件，尤其是电源线的硅胶层。

实训 4　DIY 无人机

实训描述:

学完无人机的组装原理,您可以自己动手组装一架属于自己的无人机了。作为无人机初学者,建议先从电商网站上查询无人机元器件的相关信息,然后使用实验室设备或自行购买的设备进行组装,在组装的过程中记录每一个环节,做好实训总结。

实训要求:

① 组装前列出配件清单,通过电商网站查询并记录配件价格。

② 组装的每个环节都要做好记录。

③ 组装完成后,总结在组装过程中出现的问题与解决办法。

 项目总结

本项目主要介绍了四旋翼无人机的总体构成和物理结构,使无人机初学者了解无人机的结构、材质和元器件等信息;详细介绍了四旋翼无人机的组成清单和无人机组装工具,使无人机初学者了解无人机元器件实物和工具实物;重点介绍了无人机的组装过程及组装时的注意事项,使无人机初学者掌握无人机组装的先后顺序和关键环节。通过项目使无人机初学者掌握无人机的组装流程和技巧,通过动手实践,使无人机初学者近距离感受无人机的魅力。

项目 5　调试无人机地面站

📖 项目描述

对于玩具无人机来说，买回来就能飞行了，对于大疆娱乐级无人机来说，买回来稍加练习也能飞行了，但是对于 DIY 无人机来说，直接拿出去飞行还是存在"炸机"风险的，DIY 无人机需要进行参数调试后方可户外飞行。对于无人机初学者来说，什么是无人机地面站调试呢？飞行前都需要调试哪些参数呢？如何进行参数调试呢？

📚 项目任务

对于无人机初学者来说，要完成项目内容需要学习以下任务：

任务 5.1　熟悉无人机地面站基础知识

任务 5.2　搭建无人机地面站环境

任务 5.3　无人机地面站参数设置实践

任务 5.4　无人机飞控测试实践

扫一扫
看微课

调试无人机地面站

任务 5.1　熟悉无人机地面站基础知识

1. 无人机地面站

无人机地面站是无人机飞行系统的控制中心，主要用于对无人机飞行进行控制和管理，获取无人机的各种飞行数据和任务设备的运行数据，从而实现对无人机的实时监控，以便在出现紧急情况时，可以及时采取相应处理措施来保证无人机的安全。

无人机地面站系统主要包括装有地面站软件的计算机、通信数据链路和遥控器。其中无人机地面站软件承载着无人机地面站系统的核心，主要用于规划飞行路线，启动飞控系统，将飞行路线上传到飞控系统，同时还可以配置调试无人机参数信息，如起飞速度、平飞角（起飞迎角，也称迎角）、爬升高度、末端高度、圆半径或直径、空速表等。

2. 常见的无人机地面站软件

1）Mission Planner 软件

Mission Planner 是一款优秀的地面站系统软件，功能强大，受众几乎涵盖了从厂家到用户，从研发人员、组装人员到终端用户。该软件支持 Pixhawk、APM 等系列飞控，适用于各类四轴/多轴飞行器、固定翼无人机、直升机及地面车等；可以制定飞行计划、实时获取飞行数据、配置调试参数、支持模拟飞行，还可以提供控制板固件支持、设定最优性能，实时显示创建的任务信息等，如图 5-1 所示。

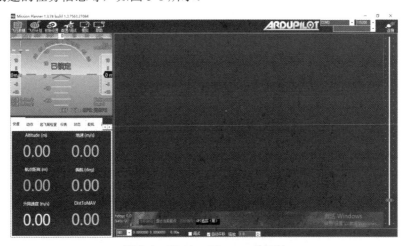

图 5-1　Mission Planner 地面站

2）大疆地面站软件

大疆地面站软件是深圳市大疆创新科技有限公司为配合公司的无人机而开发的地面站软件，它是整个无人机飞行系统的作战指挥中心，主要控制无人机的飞行过程、飞行航迹、有效载荷的任务功能、通信链路的正常工作，以及无人机的发射和回收。另外，大疆地面站软件能够在地图上手动划定区域，限制无人机飞行的区域、高度、速度，来避免区域外的危险因素出现，还能够实现智能跟随、指点飞行、兴趣点环绕、航点飞行、热点跟随等功能调试工作，如图 5-2 所示。

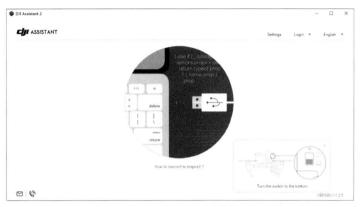

图 5-2　大疆地面站软件

任务 5.2　搭建无人机地面站环境

1. 无人机地面站参数设置软、硬件清单

无人机地面站参数设置软、硬件清单如表 5-1 所示。

表 5-1　无人机地面站参数设置软、硬件清单

分类	版本号/型号	作用
软件	Mission Planner 1.3.74	获取调试无人机的信息
	Coper V4.2.1 OFFICIAl	刷新飞控程序
硬件	F450 无人机	飞行
	USB 数据线	连接无人机与计算机

按照软、硬件清单配置设备与配件（其中，F450 无人机是项目 4 中组装的无人机）。

2. Mission Planner 软件的安装

1）软件的下载

Mission Planner 软件的安装包可以从 Mission Planner 官网获取。

打开 Mission Planner 官网，单击"DOWNLOADS"选项卡，选择"Mission Planner"选项，如图 5-3 所示。

图 5-3　下载 Mission Planner 软件

在新的页面选择相应的安装包，本书选择 Mission Planner-1.3.74 版本，此处有两种安装文件：后缀名为 zip 的压缩包文件，无须安装，解压后直接启动；后缀名为 msi 的是安装包，需要安装后才能启动，如图 5-4 所示。

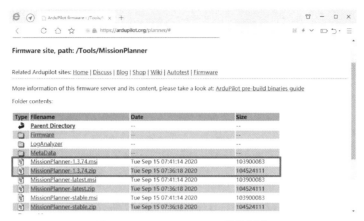

图 5-4　Mission Planner 软件版本

本书以 Mission Planner-1.3.74.msi 软件为例进行介绍，我们下载后存入 D 盘。

2）软件的安装

第一步：打开下载好的安装包，双击安装图标，系统弹出"Mission Planner Setup"界面，单击"Next"按钮，勾选"I accept the terms in the License Agreement"复选框，单击"Next"按钮，如图 5-5 所示。

图 5-5　启动与接受条款

第二步：在安装向导界面的"Destination Folder"窗口，根据个人情况选择安装路径，默认情况下是 C 盘，本书自定义安装在 D 盘。单击"Next"按钮，在"Ready to install Mission Planner"窗口，单击"Install"按钮，如图 5-6 所示。

图 5-6　设置路径与安装

　　第三步：在安装过程中，系统会弹出"Windows 安全"对话框，需要安装两个插件，分别为"Arduino USB Driver"和"STMicroelectronics 端口（COM 和 LPT）"，单击"安装"按钮，如图 5-7 所示。

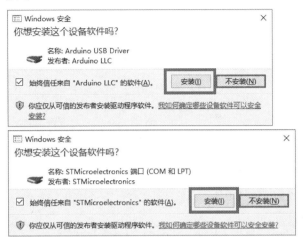

图 5-7　安装插件图

　　第四步：安装完成以后，检查"设备驱动程序安装向导"对话框中的"驱动程序"是否全部安装正确，单击"完成"按钮，系统开始安装，如图 5-8 所示。

图 5-8　完成安装向导与启动安装

　　第五步：等待 1～2min，程序安装完成后，系统提示"Completed the Mission Planner Setup Wizard"，单击"Finish"按钮，完成 Mission Planner 软件的安装，如图 5-9 所示。

图 5-9　安装完成图

Mission Planner 软件安装完成后，桌面上会有一个图标  。

3. Mission Planner 软件的功能

双击桌面上 Mission Planner 软件图标，打开 Mission Planner 软件主界面，主界面分为
工具区、仪表区、数据区和显示区，如图 5-10 所示。

图 5-10　Mission Planner 软件主界面

在工具区中有"飞行数据""飞行计划""初始设置""配置/调试""模拟""帮助"
6 个工具。其中飞行数据主要用于查看飞行状态、遥测数据、飞行控制；飞行计划主要用
于管理航点、规划航线任务；初始设置主要用于设置外部硬件；配置/调试主要用于指令参
数、高级指令控制；模拟主要用于仿真测试、模拟飞行。

Mission Planner 软件主页面的左上角是仪表区，用于显示飞行姿态。仪表说明如图 5-11
所示。

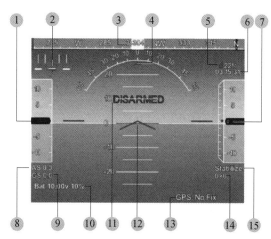

1—空速（若没有连接空速计则表示地速）；2—航向角（用于检查机头朝向是否正确）；3—横向轨迹偏差与转弯速率；
4—数传电台信号强度；5—倾斜角（与飞行姿态相关）；6—飞行高度；7—GPS 时间；8—地速；9—空速；10—人工水平仪；
11—电池状态；12—GPS 定位状态；13—俯仰角度（与飞行姿态相关）；14—飞行模式；15—航点距离、航点号。

图 5-11　仪表说明

任务 5.3　无人机地面站参数设置实践

1. 安装固件

打开 Mission Planner 软件主界面，单击"初始设置"选项卡，选择 "安装固件"下面的"安装固件 Legacy"选项，加载固态列表后，在界面右下角有两个选项："从网页下载固件"和"加载自定义固件"，如图 5-12 所示。

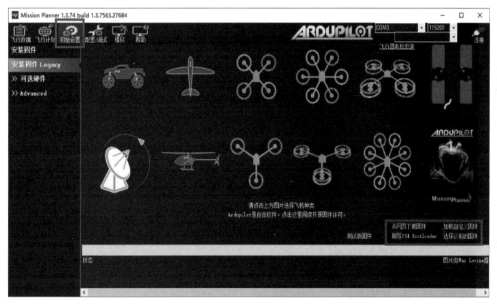

图 5-12　选择固件

本书采用的固件是从 Mission Planner 官网下载的。在 Mission Planner 官网选择"DownLoads"选项，进入下载页面。向下拉该页面，选择 "Copter"→"latest"→"Pixhawk4"→"arducopter.apj"文件进行下载。

固件下载完成后，可在 Mission Planner 软件中的"加载自定义固件"选项选择该固件进行安装，如图 5-13 所示。

在安装固件时，当下方的进度条充满时，说明固件安装完成，如图 5-14 所示。

2. 连接飞控

在设置无人机参数前，首先使用数据线将无人机飞控与计算机的 USB 接口连接，然后在地面站软件主界面右上角，选择 COM 端口（一般连接飞控后就会有一个新的 COM 端口出现），COM 端口右边的文本框显示的是波特率，此处波特率为 115200bit/s，单击"连接"按钮，将飞控与地面站相连接，如图 5-15 所示。

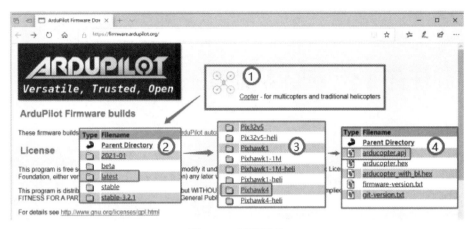

图 5-13　下载固件

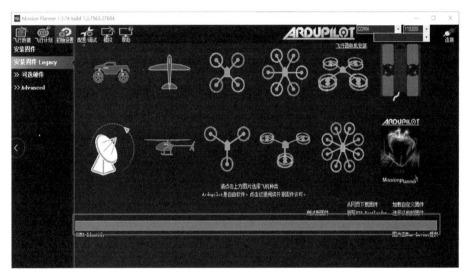

图 5-14　固件安装完成

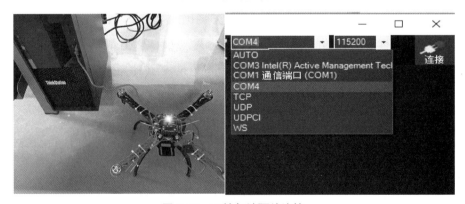

图 5-15　飞控与地面站连接

连接飞控后，可以在"计算机管理（本地）"→"设备管理器"→"端口（COM 和 LPT）"中查看端口（COM 和 LPT）对应的端口号，本书中对应的是 COM4 端口，如图 5-16 所示。

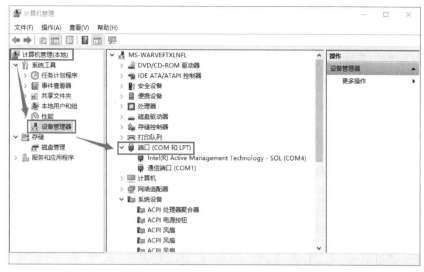

图 5-16 查看 COM 端口

成功连接飞控后,主界面出现一个新增"必要硬件"选项,单击该选项后,可看到"机架类型""加速度计校准""指南针""遥控器校准""飞行模式""故障保护"等选项,其中"机架类型""飞行模式""故障保护"3 个选项可以选择自定义模式;"加速度计校准""指南针""遥控器校准"3 个选项需要自行校准,如图 5-17 所示。

图 5-17 必要硬件

3. 机架类型

本书采用 F450 无人机,它属于四旋翼无人机,在左侧选项栏单击"机架类型"选项,在右侧窗口选择"X"形结构无人机,如图 5-18 所示。

4. 加速度计校准

在左侧选项栏单击"加速度计校准"选项,在右侧"加速度计校准"窗口按照文字提示进行校准,单击"校准加速度计"按钮,开始校准,如图 5-19 所示。

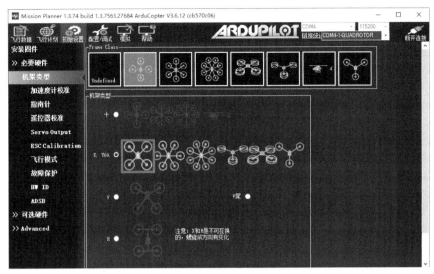

图 5-18 选择机架类型

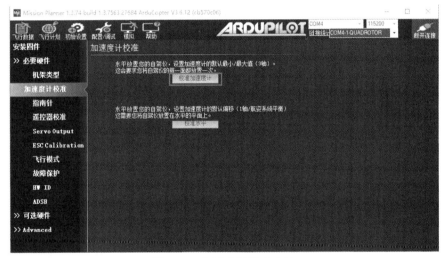

图 5-19 加速度计校准启动

1）水平校准

系统提示"Please place vehicle LEVEL"时，需要对无人机进行水平校准。将无人机水平放置，机头朝前，保持平稳，单击"完成时点击"按钮，完成水平方向的校准，如图 5-20 所示。

2）左侧立校准

系统提示"Please place vehicle LEFT"时，需要对无人机进行左侧立校准。将无人机左倾 90°放置，机头朝前，保持平稳，单击"完成时点击"按钮，完成左侧立方向的校准，如图 5-21 所示。

图 5-20　无人机水平校准

图 5-21　无人机左侧立校准

3）右侧立校准

系统提示"Please place vehicle RIGHT"时，需要对无人机进行右侧立校准。将无人机右倾 90°放置，机头朝前，保持平稳，单击"完成时点击"按钮，完成右侧立方向的校准，如图 5-22 所示。

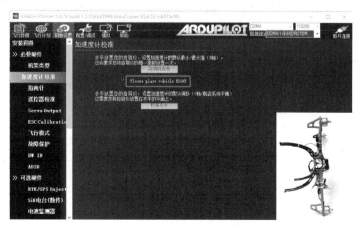

图 5-22　无人机右侧立校准

4）前倾校准

系统提示"Please place vehicle NOSEDOWN"时，需要对无人机进行前倾校准。将无人机前倾 90°放置，机头朝下，飞控正面朝前，保持平稳，单击"完成时点击"按钮，完成前倾方向的校准，如图 5-23 所示。

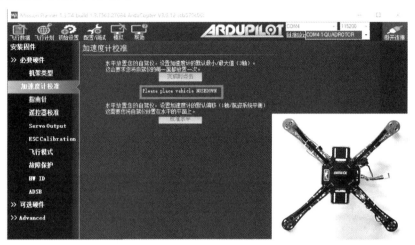

图 5-23　无人机前倾校准

5）后仰校准

系统提示"Please place vehicle NOSEUP"时，需要对无人机进行后仰校准。将无人机后仰 90°放置，机头朝上，飞控正面朝后，保持平稳，单击"完成时点击"按钮，完成后仰方向的校准，如图 5-24 所示。

图 5-24　无人机后仰校准

6）翻转校准

系统提示"Please place vehicle BACK"时，需要对无人机进行翻转校准。将无人机翻转 180°放置，机头朝前，飞控正面朝下，保持平稳，单击 "完成时点击"按钮，完成翻转方向的校准，如图 5-25 所示。

图 5-25　无人机翻转校准

所有姿态都完成之后，软件会显示校准成功，单击"完成"按钮，出现"Calibration successful"时，说明加速度计校准完成，如图 5-26 所示。

图 5-26　加速度计校准完成

5. 指南针校准

选择"指南针"选项，在右侧界面的"常规指南针设置"选区勾选"自动学习偏移量"复选框，在"Onboard Mag Calibration"选区单击"开始"按钮，如图 5-27 所示。

图 5-27　指南针校准设置

平稳旋转无人机，具体方法是水平 360°转 3 圈，竖直 360°转 3 圈，侧身 360°转 3 圈，若进度条不满则继续转动，直到进度条变为满格，系统提示"Please reboot the autopilot"时，单击"OK"按钮。在无人机转动的过程中，若数据线断开，则需要从任务 4.3 处重新开始调试，如图 5-28 所示。

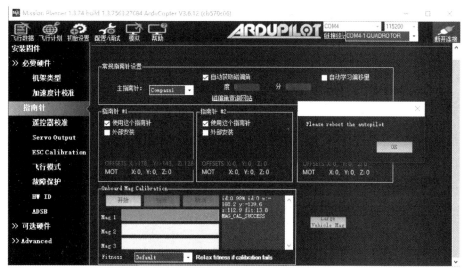

图 5-28　指南针校准

完成指南针校准后，需要断开地面站软件的端口连接，重新单击"连接"按钮，将地面站和无人机连接，如图 5-29 所示。

图 5-29　指南针校准完成

6. 遥控器校准

遥控器校准部分需要地面站软件与遥控器一起操作。首先打开遥控器，将遥控器上面的 4 个拨动开关拨到 1 号挡位，然后将左手摇杆油门通道拉到最低位，右手摇杆回到中间位置，如图 5-30 所示。

图 5-30 遥控器设置

接下来，在 Mission Planner 软件主界面左侧选择"遥控器校准"选项，进入遥控器校准界面，单击"校准遥控"按钮，开始对遥控器进行校准。每次都需要将遥控器的摇杆舵量打满，打到摇杆的 4 个角落。舵量中间会有一条红色线，使红色线达到量程最大值（一般是 1000～2000），如图 5-31（见彩图 8）所示。

图 5-31 遥控器校准

校准完成后，单击"完成"按钮，软件会显示校准的摇杆参数，单击"OK"按钮，遥控器校准完成，如图 5-32 所示。

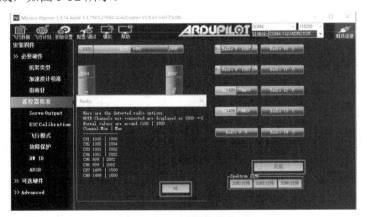

图 5-32 遥控器校准完成

注意：遥控器校准完成后，需要关掉遥控器。

7. 飞行模式设置

在主界面左侧选择"飞行模式"选项，在右侧窗口中找到"飞行模式 1"进行飞行模式设置，常用的飞行模式有 Stabilize（稳定）模式、AltHold（定高）模式和 PosHold（定点）模式，本书采用 Stabilize 模式，如图 5-33 所示。

图 5-33　飞行模式设置

8. 故障保护设置

在主界面左侧选择"故障保护"选项，在右侧窗口中选择默认值，如图 5-34 所示。

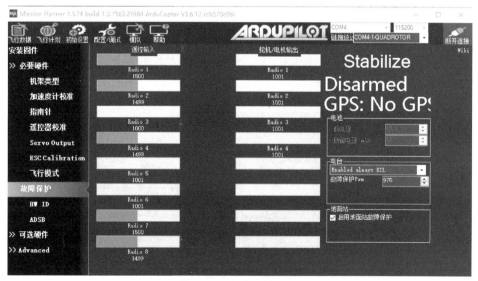

图 5-34　故障保护设置

至此，无人机地面站参数设置完成。

任务 5.4　无人机飞控测试实践

无人机地面站参数设置完成后，还要做一些测试，才能验证参数设置得是否正确，这里主要做 3 方面测试：无人机解锁设置、油门动力测试、无人机上锁设置。

1．无人机解锁设置

1）启动安全开关

第一步：检查桨叶是否被卸下，被卸下后方可调试，否则无人机突然起飞，会造成危险。

第二步：将无人机与计算机的数据线断开。

第三步：先将遥控器油门摇杆拉到最低位，然后将无人机接上电池通电。

第四步：找到无人机的开关按钮，长按（大概 2~3s），直到安全开关 LED 常亮，同时飞控 LED 变成蓝色闪烁状态，表示飞控成功解锁。若飞控 LED 还是黄色闪烁状态，则可能有两种原因，一种原因是初始参数设置不正确，需返回任务 4.3 重新调试，直到飞控解锁成功；另一种原因是还没有检测到遥控器。

2）遥控器解锁飞控

飞控是否解锁是通过检测到第三通道最低值和第四通道最高值为标准进行判断的。

拿出遥控器，将遥控器左侧的油门摇杆拨动到右下角（油门最小，方向舵向右），并保持油门最小、方向舵最大量程的状态 3s 左右，如图 5-35 所示。

当 LED 常亮，蜂鸣器长响一声时，表示飞控解锁成功，飞控解锁后，拨动油门摇杆，电机就会转动，电机转速会随着油门的增大而提高。若执行完飞控解锁操作 15s 内，遥控器没有任何操作，则飞控会自动上锁。

图 5-35　无人机解锁

2. 油门动力测试

第一步：确认无人机与计算机的数据线断开，卸下桨叶。

第二步：将遥控器油门调到最小，将无人机接上电池通电，如图5-36所示。

图5-36　油门动力测试图

第三步：先长按开关解锁开关，LED常亮，同时会听到蜂鸣器发出"嘀嘀"的声音，然后松手。将遥控器油门调到最大，断开电池连线，如图5-37所示。

图5-37　油门调到最大图

第四步：再次通电、断电两次，长按开关按钮，听到蜂鸣器长鸣声，先将油门调到最小，再拨动油门摇杆，电机转动，检查电机转向，1号、2号电机逆时针转动，3号、4号电机顺时针转动。若不是这种情况，则需要将电机的3条接线重新对调连接，将电机与电调的任意2条接线交换，改变电机转向后进行油门测试，直到电机转向正确，油门测试完成，如图5-38所示。

图5-38　电机转向调整

3．无人机上锁设置

无人机上锁有两种方式，一种是将油门摇杆拉到最低位并保持 15s，没有任何动作，飞控自动上锁；另外一种是将油门摇杆向左下角拨动，保持 3s 左右，无人机上锁成功，如图 5-39 所示。

图 5-39　无人机上锁

注意：

① 要选择与无人机机型相匹配的调试软件和固件。

② 地面站参数设置要一步一步调试，不能调试太快或跳跃调试，调试时要将无人机平稳放置。

③ 飞控的正方向要始终朝机头起始方向，保持 3s 不动后再确认，否则影响无人机姿态模式的稳定性。

④ Pixhawk 飞控有两重安全保护，分别为安全开关解锁和遥控器解锁。只有确认了这两个解锁方式都正常，飞控才能解锁成功。在解锁飞控时，切记不能安装桨叶！

实训 5　DIY 无人机调试

实训描述：

学完无人机地面站的内容，或许您已经迫不及待地拿出您 DIY 的无人机了吧，那我们就开始吧，从安装无人机地面站软件开始，用连接线将无人机与地面站相连，开启您的地面站调试之旅吧！对于无人机初学者来说，有时候无人机地面站调试很难一次性通过，需反复调试，直到调试顺利完成，方可进行户外飞行。

实训要求：

① 无人机地面站调试时切记不要安装桨叶。

② 调试关键环节做好记录。

③ 总结在调试过程中遇到的问题和解决的方法。

 # 项目总结

本项目主要介绍了无人机地面站的概念及常见的地面站软件，使无人机初学者了解地面站软件的功能；详细介绍了无人机地面站的环境搭建过程，使无人机初学者了解无人机地面站软件功能与安装过程；重点介绍了无人机地面站参数设置过程，使无人机初学者掌握无人机参数调试顺序和指南针校准过程；详细介绍了无人机飞控的测试过程及注意事项，使无人机初学者掌握无人机参数调试后的测试验证环节。通过项目使无人机初学者掌握无人机地面站参数设置，进一步揭开无人机的神秘面纱，使无人机初学者获得掌控无人机的成就感。

项目 6　无人机飞行

📖 项目描述

操控无人机飞行一直是无人机爱好者的梦想，当然，想让无人机飞起来，也没有那么容易，还需要一些技巧和方法，不同机型的无人机飞行方法也不太一样。对于无人机初学者来说，怎么开启专业飞行训练呢？用什么无人机开始训练呢？什么是起飞降落、姿态飞行、定点降落、定高悬停呢？

📚 项目任务

对于无人机初学者来说，要完成项目内容需要学习以下任务：

任务 6.1　熟悉无人机选型基础知识

任务 6.2　掌握无人机飞行方法

任务 6.3　无人机飞行训练实践

扫一扫
看微课

无人机飞行

任务 6.1　熟悉无人机选型基础知识

近十几年来，全球无人机行业发展迅速，国内外涌现出一批知名无人机品牌，每家公司的无人机机型各有各的特点，作为无人机初学者，在飞行前要做好无人机的选型工作，就需要了解无人机企业的情况和无人机的机型特点。

1. 无人机厂商

1）国外知名无人机企业

AscTec：德国 Ascending 公司旗下的无人机品牌，它与大疆、Parrot、3D Robotics 被誉为目前全球最大的 4 个四轴飞行器品牌，它研发的无人机分为专业级和研究级两条主线，并针对不同的主线采取不同的研发设计方案。其中，X-UFO 是最早的玩具四轴飞行器之一。

Parrot：总部位于法国巴黎，该公司侧重于低端消费级无人机市场，无人机价格在几百元到上千元不等，以其相对低廉的价格和不低廉的配置，Parrot 无人机可以算是无人机市场中的性价比之王。

3D Robotics：成立于 2009 年，总部位于伯克利，最初主要制造和销售 DIY 类遥控飞行器的相关零部件。2014 年推出 X8 四轴飞行器的升级版 X8+四轴飞行器，售价为 1350 元；但 2015 年 4 月推出的 Solo 无人机却因性能、质量、售后方面的问题，使 3D Robotics 名声一落千丈。

2）国内知名无人机企业

深圳市大疆创新科技有限公司：全球无人机控制与航拍影像系统的先驱，是从多轴云台到高清图传的一站式无人机服务商。在消费级无人机方面，大疆无人机占领了全球70%的市场份额，经过不断努力，大疆公司的业务也从无人机系统拓展至多元化产品体系，以一流的技术产品重新定义了"中国制造"的内涵，同时也获得了全球市场的肯定。

广州亿航智能技术有限公司：国内较早拥有体感操控功能的无人机企业，是手机操控无人机的先行者。凭借持续不断的科技与产品创新，智能互联的创新思维，为用户提供简易、智能、安全、高效的飞行器产品和解决方案。该公司旗下的 Ghost 是全球首款真正意义上用手机操控的智能空中无人机。

中科遥感科技集团有限公司：中国遥感产业化知名企业，是无人机遥感领域实力强/产业链完备的企业。在 2008 年汶川地震中，第一次把中遥（RSA）无人机投入到航测应急任务中，成为我国第一次真正意义上的"无人机遥感应用"，从此拉开了中国无人机作为低空遥感平台的帷幕。

广州极飞科技股份有限公司：国内较早研发多旋翼无人机的企业，作为全球领先生态农业科技公司和植保器械制造企业，它的主要产品有农用植保无人机、农业无人车、自动驾驶仪、智慧农业系统和行业应用无人机等。

零度智控（北京）智能科技有限公司：国际知名无人智能系统开发商，专业无人机航拍领航者，高新技术企业。

厦门致睿智控地信科技股份有限公司：专注于无人机测绘系统的研发，在续航时间和便携性方面，不断创新突破，打造最懂测绘的无人机。近期已发布新款四轴飞行器，更贴合当代测绘需求，是单兵作战利器。

2．大疆航拍无人机

目前大疆航拍无人机非常热销，作为无人机初学者，使用大疆航拍无人机进行飞行训练也是不错的选择，下面介绍一下大疆航拍无人机的机型。

1）Mavic2 Pro

大疆 Mavic2 Pro 无人机的机身展开尺寸为 322mm×242mm×84mm，最大水平飞行速度为 72km/h，支持分辨率为 4K、视频流畅度为 30 帧/秒的视频拍摄，如图 6-1 所示。

最长飞行时间：34min
最大抗风等级：5 级风
影像传感器　：1/2.3 英寸CMOS
飞行速度　　：72km/h
分辨率　　　：4K
视频流畅度　：30帧/秒

图 6-1　大疆 Mavic2 Pro

2）Mavic Air2

大疆 Mavic Air2 无人机的机身展开尺寸为 183mm×253mm×77mm，最大水平飞行速度为 68.4km/h，支持分辨率为 4K、视频流畅度为 60 帧/秒的视频拍摄，如图 6-2 所示。

最长飞行时间：34min
最大抗风等级：5 级风
影像传感器　：1/2 英寸CMOS
飞行速度　　：68.4km/h
分辨率　　　：4K
视频流畅度　：60帧/秒

图 6-2　大疆 Mavic Air2

3）DJI Mini2

大疆 DJI Mini2 无人机的机身展开尺寸为 159mm×203mm×56mm，最大水平飞行速度为 57.6km/h，支持分辨率为 4K、视频流畅度为 30 帧/秒的视频拍摄，如图 6-3 所示。

最长飞行时间：31min
最大抗风等级：5级风
影像传感器　：1/2.3 英寸CMOS
飞行速度　　：57.6km/h
分辨率　　　：4K
视频流畅度　：30帧/秒

图 6-3　大疆 DJI Mini2

4）晓 Spark

大疆晓 Spark 无人机的机身展开尺寸为 143mm×143mm×55mm，最大水平飞行速度为 50km/h，支持分辨率为 1080P、视频流畅度为 30 帧/秒的视频拍摄，如图 6-4 所示。

最大飞行时间：16min
最大抗风等级：4级风
影像传感器　：1/2.3英寸CMOS
飞行速度　　：50km/h
分辨率　　　：1080p
视频流畅度　：30帧/秒

图 6-4　大疆晓 Spark

3. DIY 无人机

在中职、高职、本科等院校的无人机比赛中，为培养学生的综合技能，多以 DIY 无人机为平台进行飞行竞技，本书作为无人机竞技比赛赛前训练指导教材，将介绍 F450 无人机、ZD550 无人机和 QAV250 穿越机 3 种机型。

1）F450 无人机

DIY 的 F450 无人机常用于无人机自主飞行练习，适合无人机初学者进行操控训练，如图 6-5 所示。

飞控：Pixhawk2.4.8
机架：F450
电机：2212-920KV
桨叶：9450尼龙桨
电池：LI-PO 3300mAh 4S
电调：20A

图 6-5　DIY 的 F450 无人机

2）ZD550 无人机

DIY 的 ZD550 无人机常用于职业技能竞赛、物流赛项和精准测控赛项，可载重 2kg 物品，稳定性强，适合专业级无人机爱好者，如图 6-6 所示。

飞控：Pixhawk2.4.8
机架：ZD550
电机：4310-400KV
桨叶：1555碳纤维桨
电池：LI-PO 8000mAh 6S
电调：40A

图 6-6　DIY 的 ZD550 无人机

3）QAV250 穿越机

DIY 的 QAV250 无人机，也称穿越机，此机型常用于竞速比赛、娱乐等领域，适合专业级无人机爱好者，如图 6-7 所示。

飞控：F4
机架：QAV250
电机：2204-2300KV
桨叶：T54145塑料桨
电池：LI-PO 1500mAh 3S
电调：20A

图 6-7　DIY 的 QAV250 穿越机

在了解了无人机厂商、品牌和机型之后，可以根据实际情况准备无人机，开启无人机飞行之旅。

任务 6.2 掌握无人机飞行方法

本书以 F450 无人机和大疆 Mavic Air1 无人机为例，介绍无人机的飞行方法。

1. 无人机飞行场地和硬件清单

无人机飞行场地和硬件清单如表 6-1 所示。

表 6-1 无人机飞行场地和硬件清单

分类	名称	版本号/型号	作用
硬件	无人机	F450	飞行
	航拍机	Mavic Air1	航拍
	遥控器	富斯 FSi6	控制无人机
	低电压报警器（BB 响）	1-8S	检测无人机电池电压
	电池	LI-PO 3300mAh 25C 4S	为无人机提供电源
场地	无人机专业飞行实验室/空旷无人机区域	20m×25m×10m/场地	

2. F450 无人机飞行方法

1）飞前准备

第一步：安装桨叶。拿出两对 1045 型号的正反桨，将黑帽桨叶装在 CW（顺时针）电机（3 号、4 号电机）上，白帽桨叶装在 CCW（逆时针）电机（1 号、2 号电机）上，如图 6-8 所示。

3号电机   1号电机

2号电机   4号电机

图 6-8 桨叶的安装方式

第二步：安装电池。将电池装入下层板与上层板中间的空间或装在下层板下面，用电池扎带将电池固定，将电池插头与无人机电源插头连接，为无人机通电，如图 6-9 所示。

图 6-9   电池的固定与通电

2）无人机解锁

第一步：无人机开关解锁。长按无人机上的解锁开关（按钮），待指示灯常亮即完成解锁，如图 6-10 所示。

图 6-10   无人机开关解锁

第二步：无人机飞控解锁。将遥控器的两个摇杆拨成内八字形，等待 3s，若无人机电机慢速转动，则表示解锁成功；若电机不转动，则表示解锁失败，需要通过数传模块查看解锁失败原因，并重新调试，如图 6-11 所示。

图 6-11   无人机飞控解锁

Pixhawk 的指示灯及蜂鸣器特征如表 6-2 所示。

表 6-2　Pixhawk 的指示灯及蜂鸣器特征

模块	特征
初始化	红色、蓝色 LED 交替闪烁
未解锁时且 GPS 未锁定	蓝色 LED 闪烁，一长音
未解锁时且 GPS 锁定成功	绿色 LED 闪烁，两短音
解锁时且 GPS 锁定	绿色 LED 常亮，一长音
解锁失败	两低音
ESC 校准	红色、绿色、蓝色 LED 闪烁
电池故障	黄色 LED 闪烁，急促短音
GPS 故障	黄色、蓝色 LED 闪烁
气压计故障	黄色、紫色 LED 闪烁

3）飞行操作方法

（1）遥控器类型。

在无人机爱好者中，常会听到有人这么问："你用的遥控器是美国手、日本手、还是中国手？"这些叫法其实是表示遥控器的操控方式。遥控器类型如图 6-12 所示。

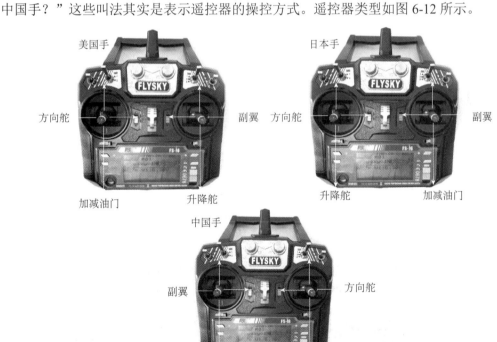

图 6-12　遥控器类型

其中，美国手比较常用，本书采用美国手遥控器。

（2）无人机飞行姿态。

无人机的飞行姿态有 4 种，分别是升降运动、俯仰运动、滚转运动、偏航运动。

升降运动：无人机上升或下降。同时提高或降低 1 号、2 号、3 号、4 号电机的转速，实现无人机的升降运动（上升或下降）。

俯仰运动：无人机前进或后退。将 1 号、3 号电机的转速同时降低或将 2 号、4 号电机的转速同时提高，无人机会产生向前上方的力并向前飞行。反之，将 1 号、3 号电机的转速同时提高或将 2 号、4 号电机的转速同时降低，无人机会产生向后上方的力并向后飞行。

滚转运动：无人机向左或向右倾斜飞行。将 2 号、3 号电机的转速同时提高或将 1 号、4 号电机的转速同时降低，无人机会产生向右侧方的力并向右倾斜飞行。反之，将 2 号、3 号电机的转速同时降低或将 1 号、4 号电机的转速同时提高，无人机会产生向左侧方的力并向左倾斜飞行。

偏航运动：无人机偏离飞行方向。将 1 号、2 号电机的转速同时降低或将 3 号、4 号电机的转速同时提高，无人机逆时针向左偏航。反之，将 1 号、2 电机的转速同时提高或将 3 号、4 号电机的转速同时降低，无人机顺时针向右偏航。

（3）遥控器通道。

遥控器的摇杆分别对应遥控器的 4 个通道，本书采用美国手遥控器，其右手摇杆对应第一通道和第二通道，左手摇杆对应第三通道和第四通道。

第一通道指副翼舵（Aileron）。在多旋翼无人机中，它用来控制和改变机身滚转方向的姿态变化（控制无人机往左或往右飞行）。

第二通道指升降舵（Elevator）。在多旋翼无人机中，它用来控制机身前倾或后翻（控制无人机前进或后退）。

第三通道指油门（Throttle）。在多旋翼无人机中，它用来控制发动机或电机转速（控制无人机上升或下降）。

第四通道指方向舵（Rudder）。在多旋翼无人机中，它用来改变机头朝向（控制无人机水平旋转）。

（4）遥控器的拿握姿势。

在无人机飞行时，遥控器的拿握姿势也是非常重要的，正确的飞行操控姿势是食指拖住摇杆，拇指轻轻压住摇杆，中指和手掌贴着遥控器两侧，使摇杆处于稳定状态。在操作过程中，食指和拇指轻轻移动摇杆，切勿幅度太大，如图 6-13 所示。

图 6-13　遥控器的拿握姿势

4）无人机锁定操作

第一步：飞行结束后，待无人机电机完全停止转动后，将遥控器左手摇杆朝左下角拨动，对无人机进行锁定操作，如图 6-14 所示。

图 6-14 无人机锁定操作

第二步，在无人机锁定完成后先断开无人机电池插头，然后关闭遥控器开关，最后卸下电池与桨叶，将无人机设备和工具收齐，放回指定位置。

注意：无人机飞行前，先接通遥控器电源，再接通无人机电源；无人机结束飞行时，先关闭无人机电源，再关闭遥控器电源。

3. 大疆航拍机飞行方法

1）卸下无人机镜头保护罩

打开无人机背包，取出无人机，卸下无人机镜头保护罩，如图 6-15 所示。

图 6-15 卸下无人机镜头保护罩

2）安装桨叶

第一步：桨叶的区分。有白色横杠的桨叶对应有白色横杠的电机，无横杠的桨叶对应无横杠的电机，如图 6-16 所示。

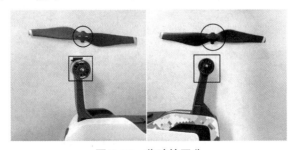

图 6-16 桨叶的区分

第二步：桨叶的安装。向下按压桨叶，转动桨叶锁紧即可，如图 6-17 所示。

图 6-17　桨叶的安装

3）遥控器与手机的连接

第一步：展开遥控器下方的盒盖，取下盒盖中的摇杆，将摇杆安装到遥控器上，如图 6-18 所示。

安装遥感

图 6-18　遥控器的安装

第二步：将遥控器的连接线插到手机上，用遥控器盒盖卡住手机，防止手机滑落，如图 6-19 所示。

图 6-19　遥控器与手机连接

4）电池的安装与开机

第一步：先将电池安装在无人机上，然后轻轻按压电源开关，查看电池电量，最后长按电源开关 2s，开启无人机，并在遥控器上按开关按钮，打开遥控器，如图 6-20 所示。

图 6-20　开启无人机与遥控器

第二步：下载 DJI GO 4 App 软件，打开 App 主界面，点击"开始飞行"按钮，进入飞行界面，如图 6-21 所示。

图 6-21　DJI GO 4 App 界面

5）检查无人机的状态与功能

（1）App 软件状态栏。

在 App 飞行界面上方，是无人机的飞行状态栏，包括 GPS 信号状态、避障模块状态、遥控器信号状态和无人机电量状态。GPS 信号为绿色（GPS 模式）表示信号正常；避障模块信号为红色表示避障失效、白色表示避障生效；遥控信号满格且为绿色表示信号强、灰色表示无信号；无人机电量信号会显示电量百分比。在以上 4 个参数均正常时，无人机才能起飞，如图 6-22（见彩图 9）所示。

图 6-22　飞行界面状态

（2）飞行界面。

App 软件飞行界面的功能按钮有一键起飞/降落、自动返航、模式设置、辅助飞行功能、拍照与录像切换、拍摄快门、相机参数设置等，如图 6-23 所示。

图 6-23　飞行界面功能

（3）遥控器功能。

遥控器的功能按钮有自动返航、紧急悬停、运动模式、自定义按钮，如图 6-24 所示。

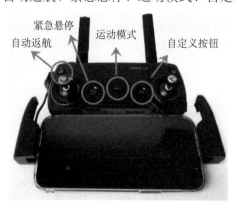

图 6-24　遥控器功能

6）操控无人机

与 F450 无人机操控方式相同，大疆航拍机采用内八字形解锁方式，即双手食指和拇指将两个摇杆向遥控器中下方位置移动，无人机解锁后，推动油门摇杆，即可起飞，在无人机起飞后，便可以操控无人机在空中自由飞行了，如图 6-25 所示。

图 6-25　无人机飞行

7）异常提示及应对方法

（1）IMU 校准提示。

惯性测量单元（IMU）是无人机内部重要的传感器，相当于无人机的"小脑"，用来感知无人机飞行姿态、加速度和高度的变化情况。当无人机长时间使用或受到碰撞时，可能会出现 IMU 校准提示，此时需要校准传感器，若校准失败，则需要再次校准；若一直校准失败，则需要返厂维修。

（2）GPS 信号弱提示。

GPS 是无人机的定位和导航系统，帮助无人机实现定点悬停或自动返航。当出现 GPS 信号弱的提示时，很多无人机爱好者的第一反应是使无人机往回飞，但是会发现信号越来越弱，其实是因为无人机受周围物体的阻挡，所以才会出现 GPS 信号弱的情况，正确的做法是使无人机往上飞，以重新获取 GPS 信号。

（3）指南针异常提示。

让指南针和 GPS 协同工作，用于分辨无人机在地理坐标系的方向，指南针容易受到磁场、金属的干扰，建议远距离飞行时重新校准指南针。

（4）动力饱和提示。

动力饱和提示是指电机转速达到极限，而且无法获得更大的升力。在高海拔、大风环境飞行时容易出现动力饱和提示，此时应该减速飞行或尽快降落。

（5）电机过载提示。

当有异物进入电机时，异物会阻碍电机旋转，增加电机的负载，导致电机发热。当提示电机过载时，无人机需要尽快降落，检查排除电机异物，若无人机继续提示电机过载，则需要返厂维修。

（6）电调异常提示。

若无人机起飞之前出现电调异常提示，则应该取消无人机飞行；若无人机飞行过程中出现电调异常提示，则应该尽快降落并返厂维修。

任务 6.3　无人机飞行训练实践

对于无人机初学者来说，进行无人机飞行还是存在一定的危险性的，第一次飞行时最好由专业级教练现场指导，或使用教练遥控器进行辅助控制，以进行初级训练和中级训练。对于专业飞手来说，可采用穿越机进行高级飞行训练。本书主要针对无人机初学者进行飞行训练设计，不涉及高级飞行训练。

1. 飞行环境要求

① 请勿在恶劣天气飞行，如雨、雪、大风、雾霾等天气。

② 飞行时，无人机需保持在视线范围内，远离障碍物、人群、水面、高压电线等，大量使用钢筋的建筑物会影响指南针工作，并且会遮挡 GPS 信号，导致无人机无法定位，通信基站或发射塔等也会使遥控器受到信号干扰。

③ 请勿在有飞行限制区域及特殊区域（禁飞区）进行飞行。

2. 初级飞行训练任务

进行初级飞行要求指导老师全程在场，学生只能操控遥控器左手摇杆油门通道，来控制无人机升降；指导老师负责操控右手摇杆俯仰通道和滚转通道，来调整无人机的飞行姿态。一般情况下不建议进行初级飞行时使用左手摇杆的偏航功能，以防止无人机偏航引起的"炸机"。

任务一：F450 无人机起飞、降落训练。

任务要求：平稳起飞、平稳降落
技术要点：无人机启动与上锁操作
距离要求：操作人员距离无人机 5m 以上，飞行高度为 1m
人员要求：分组练习，每组配一个专业飞手
设备要求：2 台遥控器（1 台学生版、1 台教练版）
备　　注：每人 3 次机会

任务二：F450 无人机水平姿态训练。

任务要求：平稳起飞、水平左右飞行、平稳降落
技术要点：无人机平稳飞行操控
距离要求：操作人员距离无人机 5m 以上，左飞、右飞距离为 1m
人员要求：分组练习，每组配一个专业飞手
设备要求：2 台遥控器（1 台学生版、1 台教练版）
备　　注：每人 3 次机会

任务三：F450 无人机定点降落。

> 任务要求：平稳起飞、返回起飞点、平稳降落
> 技术要点：无人机水平位置精准操控
> 距离要求：操作人员距离无人机 5m 以上，定点圈直径为 1m
> 人员要求：分组练习，每组配一个专业飞手
> 设备要求：2 台遥控器（1 台学生版、1 台教练版）
> 备　　注：每人 3 次机会

任务四：F450 无人机定高悬停。

> 任务要求：平稳起飞、保持高度与位置不变、平稳降落
> 技术要点：对油门与水平、垂直位置精准操控
> 距离要求：操作人员距离无人机 5m 以上，飞行高度为 1m
> 人员要求：分组练习，每组配一个专业飞手
> 设备要求：2 台遥控器（1 台学生版、1 台教练版）
> 备　　注：每人 3 次机会

3. 中级飞行训练

中级飞行训练主要用于竞技类比赛，主要考查参赛者的飞行综合技能，主要竞技项目是无人机障碍赛和无人机物流赛。

1）无人机穿越障碍训练

无人机障碍赛的竞赛过程具有一定的挑战性，主要考查参赛者的动手操作能力和手眼协调能力。障碍形状有圆形、拱形、方形、梯形等；障碍洞口大小根据比赛机型而定，一般直径的范围为 60～120cm；障碍个数与顺序由竞赛规则设置，在穿越障碍训练中要充分考虑时间、精准度等因素。进行无人机穿越障碍训练能不断提高飞手的飞行技能。无人机穿越障碍训练如图 6-26 所示。

图 6-26　无人机穿越障碍训练

2）无人机物流运送训练

无人机物流赛的竞赛过程是将不同规格的"重物"搬运到指定位置，制定飞行路线，完成各种指定动作与任务，考察参赛者的飞行策略规划能力和精细的操控能力。无人机物流运送训练如图 6-27 所示。

图 6-27 无人机物流运送训练

注意：

① 飞行前，检查桨叶是否正确安装、线路与电池是否捆绑牢固、无人机电池与遥控器电量是否充足。同时观察天气与环境，尽量在天气状况良好时且在空旷、干扰少的地方飞行，严禁在人群中飞行。在无人机起飞时，油门摇杆务必从最低位缓慢向上推且在平坦的地面进行起飞操作，保证无人机安全起飞。

② 飞行时，需要同时操控两个摇杆不断调整无人机姿态，使无人机在某一区域平稳飞行，避免无人机受风等各种因素的影响而发生位置偏移，尽量远离建筑物、人群、树木、水面等进行飞行。

③ 降落时，尽量选择空旷平坦的地方进行降落，控制好下降速度（不宜太快），当降落到地面时，需要对无人机进行锁定，待无人机电机完全停止转动后再靠近。

实训6　无人机航拍

实训描述：

无人机作为一种新兴的拍摄工具，不仅开拓了拍摄视野，而且给摄影行业注入了新鲜血液，越来越多的无人机爱好者开始跻身摄影行业。飞手们凭借高超的飞行技术，以高空视角和快速推进的方式拍摄视频，给受众带来强烈的视觉冲击，赢得社会的高度好评。请您使用航拍无人机为学校、家乡或社区制作一段航拍宣传片。

实训要求：

① 选定拍摄主题，使用航拍无人机拍摄视频。

② 根据主题将航拍视频进行后期制作与剪辑。

③ 航拍视频成片要求时长不少于 5 min，能较好地表达主题。

 # 项目总结

本项目主要介绍了无人机厂商和典型的无人机机型，使无人机初学者了解无人机的选型；详细介绍了不同无人机的飞行方法，使无人机初学者掌握飞行设备、飞行场地和飞行方法；重点介绍了不同级别无人机的飞行训练任务及注意事项，使无人机初学者掌握无人机飞行训练的技巧和方法。通过项目使无人机初学者掌握无人机的飞行方法和技能，通过真机飞行训练，使无人机初学者享受在广袤天空中操控无人机自由飞行的快乐。

项目 7 Tello 无人机编程

 项目描述

　　无人机与航模的最大区别就是无人机可通过程序控制，在感受完无人机的飞行后，或许您有一个大胆的想法，想学习无人机编程，通过程序控制无人机的飞行。对于无人机初学者来说，哪款无人机适合编程入门呢？编程语言是什么呢？编程的指令有哪些呢？如何开始无人机编程呢？

项目任务

对于无人机初学者来说，要完成项目内容需要学习以下任务：

任务 7.1　熟悉 Tello 无人机基础知识

任务 7.2　搭建 Tello 无人机编程环境

任务 7.3　Tello+图形化编程实践

任务 7.4　Tello+Python 编程实践

扫一扫
看微课

Tello 无人机编程

任务 7.1　熟悉 Tello 无人机基础知识

近年来，机器人编程已经成为青少年及家长追捧的学习内容，那无人机能编程吗？有没有一些入门的课程呢？本项目将以 Tello 无人机为平台介绍无人机编程知识。

1. Tello 无人机

Tello（特洛）无人机是深圳市睿炽科技有限公司自主研发的第一款娱乐型无人机产品，其飞控系统由深圳市大疆创新科技有限公司授权使用，同时还搭载了英特尔高性能处理器。Tello 无人机是专为广大青少年无人机爱好者打造的一款小型无人机，它支持 S 抛飞、全向翻滚、手上降落、360°环绕等功能，可适配 VR 眼镜，使无人机爱好者体验先进的机器视觉所带来的稳定飞行性能。

Tello 无人机还是一款强大的益智编程无人机，它支持 Scratch、Python 和 Swift 等编程语言，提供丰富的 SDK 接口，可以轻松地实现命令和数据交互，同时还可以支持无人机编程。该款 Tello 无人机真正实现了寓教于乐的教学理念，使青少年在娱乐中体验飞行的快乐，在编程中提升逻辑思维能力和创新能力，是一款非常适合作为无人机初学者编程入门的产品。

Tello 无人机由机身、桨叶、桨叶保护罩和电池几部分组成，其中机身包括状态指示灯、摄像头、电源开关、天线、视觉定位系统等，如图 7-1 所示。

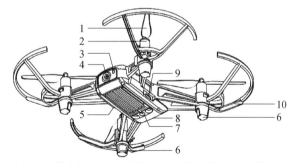

1—螺旋桨；2—电机；3—状态指示灯；4—摄像头；5—电源开关；6—天线；7—视觉定位系统；
8—飞行电池；9—Micro USB 接口；10—桨叶保护罩。

图 7-1　Tello 无人机

Tello 无人机的硬件组成与作用如下。

① 桨叶保护罩：用于保护桨叶且防止桨叶失控意外伤人。

② 桨叶：机身靠近电机位置的无凹槽标识的为正向桨叶，有凹槽标识的为反向桨叶。

③ 摄像头：用于无人机的视频拍摄。

④ 天线：用于接收信号，在无人机外壳内，可通过 App 查看。

⑤ 开关：为无人机通电，在开机时长按 2s。

⑥ 电池：为无人机提供飞行动力，续航时间为 10min 左右，充满时指示灯是绿色，充电中指示灯是红色。

⑦ 电机：用于带动桨叶转动，可通过控制电机转速来控制桨叶转动的速度。

2. Tello SDK 接口介绍

Tello SDK 通过 Wi-Fi UDP 协议与无人机连接，使用户可以通过文本命令控制无人机。Tello 无人机官网提供的一个基于 Python2.7 环境的 UDP 通信端口的无人机编程样例程序，可以实现与 Tello 无人机的交互，包括向 Tello 无人机发送 SDK 命令和接收 Tello 无人机回复的信息。

1）Tello SDK 包含 3 种基本的命令类型

（1）控制命令（xxx）。

若执行成功，则返回"ok"；若执行不成功，则返回"error"。

（2）设置命令（xx a）。

设置命令（xx a）将尝试设置新的子参数值（a）。若执行成功，则返回"ok"；若执行不成功，则返回"error"。

（3）读取命令（xx ?）。

读取实时子参数值。

2）Tello SDK 命令

由 Tello SDK 引出了一些命令集，供使用者二次开发。Tello SDK 命令集如表 7-1 所示。

表 7-1 Tello SDK 命令集

类型	命令	描述	可能的响应
控制命令	Command	进入 SDK 命令模式	ok/error
	takeoff	自动起飞	
	land	自动降落	
	up x	向上飞 xcm x：20～500	
	down x	向下飞 xcm x：20～500	
	left x	向左飞 xcm x：20～500	
	right x	向右飞 xcm x：20～500	
	forword x	向前飞 xcm x：20～500	
	back x	向后飞 xcm x：20～500	

续表

类型	命令	描述	可能的响应
控制命令	flip x	朝 *x* 轴翻滚 l =（left） r =（right） f =（forword） b =（back）	ok/error
	go x y z speed	以设置速度（cm/s）飞往坐标（x, y,z） x：−500～500 y：−500～500 z：−500～500 speed：10～100（cm/s） x、y、z 不能同时在−20～20	
	jump x y z speed yaw mid1 mid2	Tello 无人机从 1 号挑战卡（mid1）飞往 2 号挑战卡（mid2），(x, y, z) 是基于 1 号挑战卡（mid1）坐标系的相对位移量，speed 表示飞行速度，yaw 表示旋转角度（yaw>0）	
	cw x	顺时针旋转 x° x：1～360	
	ccw x	逆时针旋转 x° x：1～360	
设置命令	speed	将当前速度设置为 xcm/s x：10～100	
	mon	打开挑战卡探测，默认打开前视和下视探测	
读取命令	speed?	获取当前设置的速度（cm/s）	x（10～100）
	battery?	获取当前电池剩余电量的百分比值	x（10～100）
	sdk?	获取 Tello SDK 版本号	xx（x≥20）
	sn?	获取 Tello 无人机的 SN 编码	生产序列号

3．挑战卡

Tello 无人机通过视觉定位系统识别挑战卡上的 ID，从而实现对无人机的定位。

1）挑战卡卡面

Tello EDU 无人机盒子中有 4 张挑战卡，每张挑战卡正反两面印制着不同的图案和不同的 ID（共有 8 个 ID），挑战卡上印制的图案是由小火箭、挑战卡 ID、星球 3 部分组成，形成相互区别的标记，如图 7-2 所示。

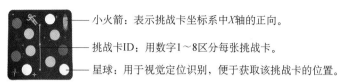

小火箭：表示挑战卡坐标系中X轴的正向。

挑战卡ID：用数字1~8区分每张挑战卡。

星球：用于视觉定位识别，便于获取该挑战卡的位置。

图 7-2　挑战卡

2）挑战卡坐标系

挑战卡上的图案蕴含着三维坐标系的信息。以挑战卡的正中心为原点，挑战卡所在平面为 X、Y 轴所在的平面，每张卡都有一个独立的坐标系，不同挑战卡之间的坐标系互不影响，编程时可根据自己的需求自由摆放，每个卡面上都有一个小火箭，小火箭飞起的方向为 X 轴正向，与小火箭垂直的方向为 Y 轴方向，Y 轴左侧为 Y 轴正向，与挑战卡平面垂直的是 Z 轴，如图 7-3 所示。

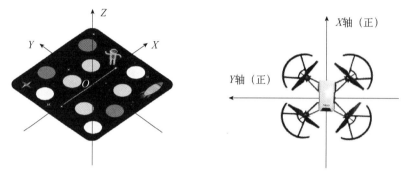

图 7-3　挑战卡坐标系

3）挑战卡摆放

挑战卡支持 SDK2.0 及以上版本的 Tello 无人机使用。将挑战卡放置在水平面上（地面或桌面），确定挑战卡小火箭的方向，设计好挑战卡的摆放位置。挑战卡的摆放方式有 4 张挑战卡的摆放方式、5 张挑战卡的摆放方式、6 张挑战卡的摆放方式，当然也可以根据实际需求自由摆放，如图 7-4 所示。

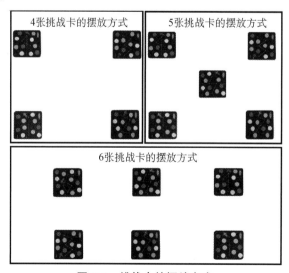

图 7-4　挑战卡的摆放方式

注意:

① 要使用卷尺,精确 2 张挑战卡的距离。

② 挑战卡的朝向要保持一致。

③ 2 张挑战卡的距离不宜太短,也不宜太长,在 60~120cm 比较合适。

④ 放置无人机时,机头方向应与挑战卡方向一致。

4. UDP 协议

在 Tello 无人机编程和多机编队时,使用 UDP 协议传输命令,客户端通过 Wi-Fi 网络向 Tello 无人机发送 utf-8 类型的字符串,Tello 无人机接收命令后执行对应的动作。

UDP 是 socket 套接字中的一种通信协议,如图 7-5 所示。

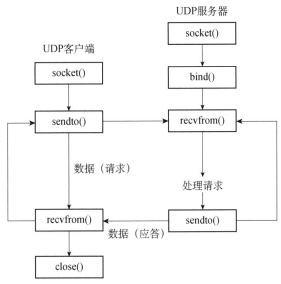

图 7-5　UDP 通信协议

客户端与服务器建立 UDP 通信需要如下 3 个步骤。

第一步:创建 socket 套接字对象(实例化 socket 套接字对象)。

第二步:发送数据到对应 socket 套接字的 IP 地址和端口号,接收服务器的数据。

第三步:关闭 socket 套接字。

Tello 无人机在 Wi-Fi 模式下,socket 套接字 IP 地址为 192.168.10.1,端口号为 8889,在发送动作命令之前,先发送"command"命令给 Tello 无人机,使其启动 SDK 模式。Tello 无人机的 UDP 连接编程代码如下。

```
#-*- coding: utf-8 -*-
import socket
#创建 socket 套接字对象,设置参数 AF_INET:面向网络、socket.SOCK_DGRAM:UDP 连接协议
tello_socket = socket.socket (socket.AF_INET, socket.SOCK_DGRAM)
#绑定端口号 8889
```

```
tello_socket.bind (('', 8889))
#发送 "command"，使 Tello 无人机启动 SDK 模式，获取 Tello 无人机回复的信息，并打印出来
tello_socket.sendto ('command'.encode ('utf-8'), ('192.168.10.1', 8889))
response, ip = tello_socket.recvfrom (100)
print ('from %s: %s' % (ip, response))
#发送 "takeoff"，使 Tello 无人机起飞，获取 Tello 无人机回复的信息，并打印出来
tello_socket.sendto ("takeoff".encode ('utf-8'), ('192.168.10.1', 8889))
response, ip = tello_socket.recvfrom (100)
print ('from %s: %s' % (ip, response))
```

任务 7.2 搭建 Tello 无人机编程环境

1. Tello 无人机编程软、硬件清单

Tello 无人机编程软、硬件清单如表 7-2 所示。

表 7-2 Tello 无人机编程软、硬件清单

分类	名称	数量	作用
软件	Python 软件		功能包
	Pycharm 软件		开发软件（选用）
	socket udp		功能包
	Scratch 软件		编程软件，版本 2.0
硬件	Tello 无人机	1～4 架	飞行编队
	挑战卡	4 张	定位
	备用电池	若干	为无人机提供电源
	路由器	1 台	发送命令
	计算机	1 台	运行 Python 文件

按照软、硬件清单准备任务所需要的硬件设备。

2. 软件环境的安装

Tello 无人机编程可以采用 Scratch 编程平台和 Python 编程平台，Scratch 编程平台的安装比较简单，在后面编程时会介绍，这里主要介绍 Python 编程平台的搭建。

购买了 Tello 无人机后，可以联系供应商，获得相关编程资料。打开无人机编程的样例程序文件夹，无人机初学者可以先学习样例程序的编程思路，然后根据样例程序进行扩展性编程，如图 7-6 所示。

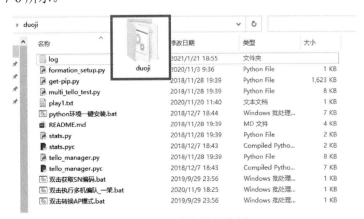

图 7-6 无人机编程资料

搭建 Tello 无人机编程环境。首先安装 Python 软件，然后安装 3 个 Python 模块，分别为 netiface 模块、netaddr 模块、matplotlib 模块。

这里提供了一个.bat 文件，它将 Tello 编程环境安装过程编写好了，无人机初学者可以直接双击该文件夹下的"python 环境一键安装.bat"文件，如图 7-7 所示。如果想查看资料中的.py 文件内容，那么可以安装 Pycharm 软件进行查看。Pycharm 软件的安装方法，无人机初学者可以上网查看，这里不再赘述。

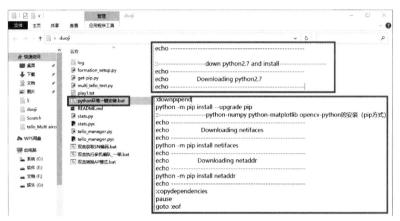

图 7-7　编程环境的安装

说明：

① .bat 脚本的使用说明可以参考网络资料。

② echo：回显命令，用于将此命令后的内容显示到控制台上。

③ pause：用于暂停批处理文件的处理并显示消息。

任务 7.3 Tello+图形化编程实践

在 Tello 无人机编程时，可以通过将扩展包加载到图形化编程软件中，使用扩展包提供的命令进行编程。

1. 准备工作

1）Node 端下载

根据计算机系统类型，在 Node.js 官网下载并安装 Node.js 文件。

2）Scratch 2.0 软件

下载并安装 Scratch 软件，本书提供了 Scratch 2.0 软件安装包，无人机初学者可进入百度网盘下载。

3）Tello 拓展包

在深圳市睿炽科技有限公司网站下载 Tello.js 文件并解压。

2. Tello+Scratch 编程

1）任务描述

将 4 张挑战卡放置在边长为 120cm 的正方形的 4 个角，挑战卡的中心与正方形的 4 个顶点对齐。Tello 无人机从 1 号挑战卡飞到 2 号挑战卡，从 2 号挑战卡飞到 3 号挑战卡后上升 20cm，从 3 号挑战卡飞到 4 号挑战卡后下降 20cm，从 4 号挑战卡飞到 1 号挑战卡后降落。

2）任务实验

第一步：打开 Scratch 软件，按住 Shift 键不放，单击"文件"选项卡，选择"Import Experimental Extension"选项（导入实验性 HTTP 扩展功能），选择之前下载的"TelloChs.s2e"文件，单击"确定"按钮，在"脚本"选项卡中出现"更多模块"选项，选择该选项可以看到 Tello 无人机的操作指令，如图 7-8 所示。

第二步：使用 Node.js 命令打开并运行"Tello.js"文件，如图 7-9 所示。

第三步：按照任务规划路径，使用卷尺在地面上绘制一个正方形，边长为 120cm，左下角放置 1 号挑战卡，左上角放置 2 号挑战卡，右上角放置 3 号挑战卡，右下角放置 4 号挑战卡，挑战卡的中心与四边形的 4 个顶点对齐，如图 7-10 所示。

第四步：编写程序。从指令区拉一个小旗，将"起飞"指令、"向前距离 120"指令、"向右距离 120"指令、"向上距离 20"指令、"向后距离 120"指令、"向下距离 20"指令、"向左距离 120"指令、"降落"指令拖动到代码区，注意设置好数值，如图 7-11 所示。

图 7-8　导入 Tello 扩展模块

图 7-9　运行 Tello.js 文件

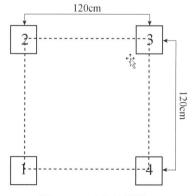

图 7-10　路径俯视图

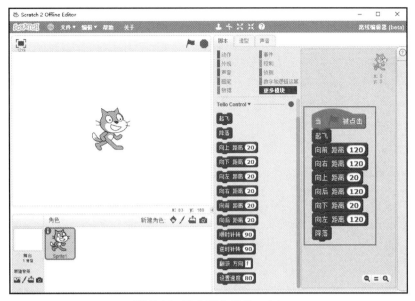

图 7-11　Tell 无人机 Scratch

第五步：连接 Tello 无人机的 Wi-Fi。将 Tello 无人机放置在 1 号挑战卡上，打开 Tello 无人机电源开关，每架 Tello 无人机的 Wi-Fi 的账号都不相同，在计算机中搜索该 Tello 无人机的 Wi-Fi，单击"连接"按钮，如图 7-12 所示。

第六步：在运行程序前请检查所有设备的放置、连接等状态是否正确，具体检查内容如下。

① 所有挑战卡的方向是否一致。

② Tello 无人机机头与挑战卡方向是否一致。

③ Tello 无人机电量是否充足。

④ Tello 无人机的 Wi-Fi 是否已连接。

⑤ 程序逻辑是否正确。

⑥ Tello 无人机飞行的区域是否安全。

图 7-12　连接 Tello 无人机的 Wi-Fi

检查无误后，单击小旗按钮 ▶ 进行测试，若正常按照规则飞行，则证明 Tello 无人机与 Scratch 软件连接成功。

任务 7.4　Tello+Python 编程实践

1. 编程前准备

1）设置路由器账号和密码

使用网线将计算机与路由器相连，在浏览器地址栏输入"192.168.1.1"，进入路由器管理界面。在左侧导航栏单击"基本设置"选项，在右侧无线网络基本设置页面的"SSID号："文本框中输入"UAV"，单击"保存"按钮。在导航栏单击"无线设置"→"无线安全设置"选项，在右侧无线网络安全设置页面的"PSK 密码："文本框中输入"12345678"，单击"保存"按钮，完成路由器账号和密码的设置，如图 7-13 所示。

图 7-13　设置路由器账号和密码

2）重置 Tello 无人机的 Wi-Fi

在 Tello 无人机开机状态下，长按电源按钮直到状态指示灯熄灭，Tello 无人机的 Wi-Fi 账号和密码将恢复出厂设置，此时默认为无密码。

3）获取 Tello 无人机的 SN 编码

获取 Tello 无人机的 SN 编码有两种方式，一种是直接查看，另一种是通过程序获得。

直接查看方式：在 Tello 无人机电池卡槽中（拔出电池后），可以看到该无人机的 SN 编码和默认的 Wi-Fi 账号，如图 7-14 所示。

程序获得方式：用计算机连接 Tello 无人机的 Wi-Fi 进行连接，连接成功后，在 douji 文件夹中双击"双击获

图 7-14　Tello 无人机的 SN 编码

取 SN 编码.bat"脚本文件，系统弹出命令窗口，返回该无人机的 SN 编码，在命令窗口中可以看到系统的响应信息，如图 7-15 所示。

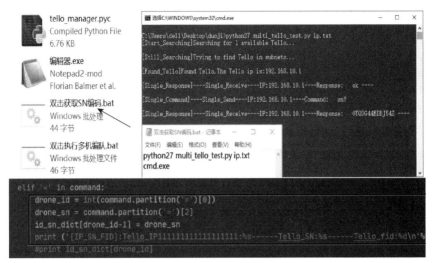

图 7-15　查看 SN 编码

4）切换 AP 模式

Tello 无人机的 AP 模式是无人机编程模式，打开资料文件夹中的"fromation_setup.py"文件，最后一行的"set_ap ('UAV', '12345678')"语句用于设置 Tello 无人机 AP 模式的路由器账号和密码，此处要与前面路由器设置的账号、密码保持一致。在设置 Tello 无人机的 AP 模式时，首先用计算机连接 Tello 无人机的 Wi-Fi，然后双击 duoji 文件中的"双击转换 AP 模式.bat"脚本文件，如图 7-16 所示。

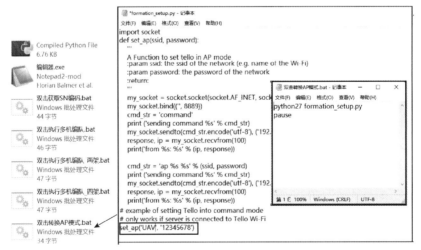

图 7-16　转换 AP 模式

在命令窗口显示"ok"时，表示 Tello 无人机进入了 AP 模式，可以进行编程了。

2. 编程路径规划

新建一个文本文档，命名为"play4"，保存在 E 盘 duoji 文件夹中。以 4 架 Tello 无人机编程为例，在"play4.txt"文件中编写程序，使 4 架 Tello 无人机一起完成起飞、移动、翻滚和降落等动作。

第一步：摆放挑战卡。

拿出 4 张挑战卡并将其卡按照边长为 120cm 的正方形摆放，挑战卡的方向统一与图 7-17 中 X 轴正向一致，每张挑战卡都有独立的坐标系，挑战卡与挑战卡之间使用相对位移量来表示移动的坐标值。挑战卡摆放俯视图如图 7-17 所示。

注意：

① 图 7-17 中 X、Y 坐标指示不代表整体坐标系，坐标指示只表明独立挑战卡的方向。

② 在编程过程中挑战卡的位置固定不动。

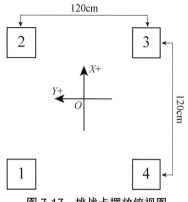

图 7-17　挑战卡摆放俯视图

第二步：根据挑战卡的摆放方式进行多机编程路径规划，具体的无人机编程飞行方式如下。

1）初始位置摆放

先放置 4 架 Tello 无人机在 4 张挑战卡上，如图 7-18 所示。图 7-18 左侧为无人机初始位置的俯视图，右侧为无人机初始位置的主视图。在 Tello 无人机机身处查看并记录 Tello 无人机的 SN 编码，本书中 1～4 号无人机的 SN 编码分别如下。

1 号无人机：OTQDF8UEDB203H。

2 号无人机：OTQDG44EDBJ542。

3 号无人机：OTQDG44EDB23H4。

4 号无人机：OTQDG7REDBX81Z。

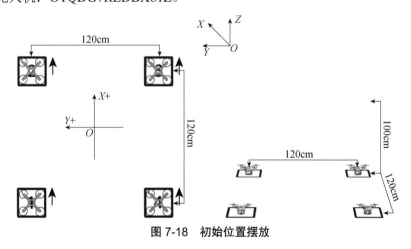

图 7-18　初始位置摆放

2）起飞动作

使 4 架 Tello 无人机同时起飞，起飞高度为 100cm，如图 7-19 所示。图 7-19 左侧为无人机起飞动作前的俯视图，右侧为无人机起飞动作后的主视图。

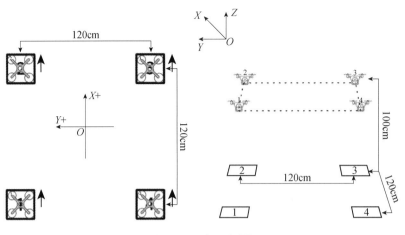

图 7-19　起飞视图

3）下降动作

编号为 1、4 的 Tello 无人机下降，下降至 60cm 高度，编号为 2、3 的 Tello 无人机保持不动，如图 7-20 所示。图 7-20 左侧为无人机下降动作前的俯视图，右侧为无人机下降动作后的主视图。

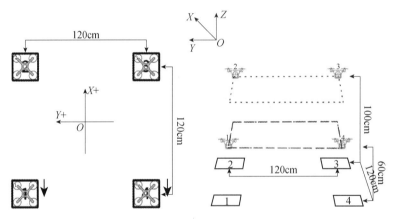

图 7-20　1 号和 4 号无人机下降视图

4）交换位置

第一步：2 号无人机飞到 4 号挑战卡，4 号无人机飞到 2 号挑战卡，这 2 架无人机高度保持不变，编号为 1、3 的无人机保持不动，如图 7-21 所示。图 7-21 左侧为无人机第一次交换位置前的俯视图，右侧为无人机第一次交换位置后的主视图。

第二步：1 号无人机飞到 3 号挑战卡，3 号无人机飞到 1 号挑战卡，这 2 架无人机高度保持不变，编号为 2、4 的无人机保持不动，如图 7-22 所示。图 7-22 左侧为无人机第二次交换位置前的俯视图，右侧为无人机第二次交换位置后的主视图。

5）上升动作

编号为 1、4 的无人机上升，上升至 100cm 高度，编号为 2、3 的无人机保持不动，如图 7-23 所示。图 7-23 左侧为无人机上升动作前的俯视图，右侧为无人机上升动作后的主视图。

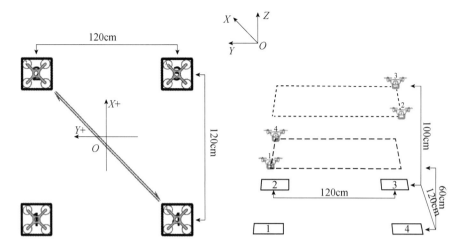

图 7-21 2 号和 4 号无人机对角飞

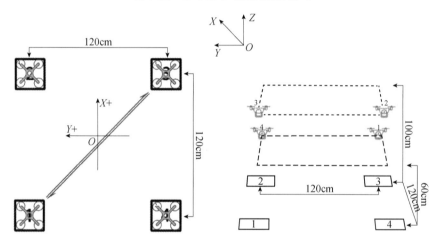

图 7-22 1 号和 3 号无人机对角飞

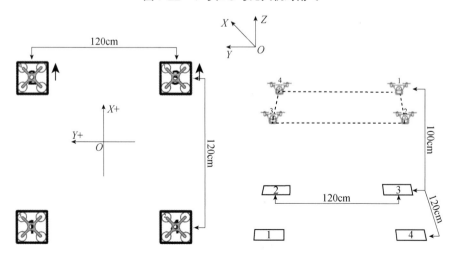

图 7-23 1 号和 4 号无人机上升

6）绕场动作

第一步：4 架 Tello 无人机同时移动。3 号无人机飞到 4 号挑战卡，4 号无人机飞到 1 号挑战卡，1 号无人机飞到 2 号挑战卡，2 号无人机飞到 3 号挑战卡，如图 7-24 所示。图 7-24 左侧为无人机第一次绕场动作前的俯视图，右侧为无人机第一次绕场动作后的主视图。

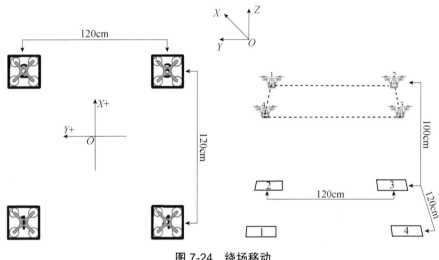

图 7-24　绕场移动

第二步：4 架 Tello 无人机再次同时移动。1 号无人机飞到 1 号挑战卡，2 号无人机飞到 2 号挑战卡，3 号无人机飞到 3 号挑战卡，4 号无人机飞到 4 号挑战卡，如图 7-25 所示。图 7-25 左侧为无人机第二次绕场动作前的俯视图，右侧为无人机第二次绕场动作后的主视图。

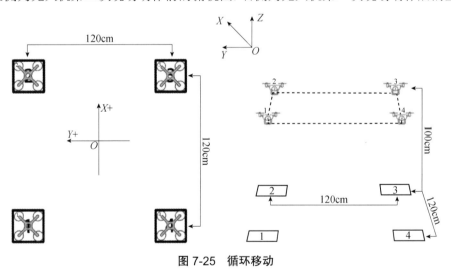

图 7-25　循环移动

注意：4 架 Tello 无人机必须同时移动，否则会撞机。

7）翻滚动作

4 架 Tello 无人机同时向右翻滚，如图 7-26 所示。图 7-26 左侧为无人机翻滚动作前的俯视图，右侧为无人机翻滚动作后的主视图。

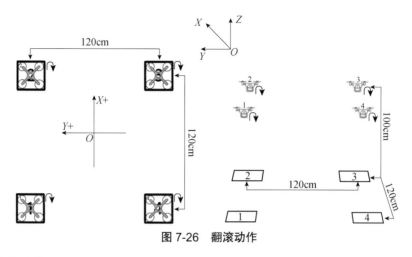

图 7-26 翻滚动作

8）降落动作

4 架 Tello 无人机同时降落，如图 7-27 所示。图 7-27 左侧为无人机降落动作前的俯视图，右侧为无人机降落动作后的主视图。

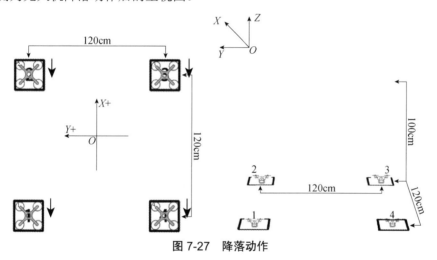

图 7-27 降落动作

至此，完成 4 架 Tello 无人机的编程路径规划。

3. 多机编队指令

在进行 Tello 无人机多机编队时，需要使用 Tello 无人机官方提供的 SDK 指令，前面已经介绍了 Tello SDK 指令，接下来按任务的路径规划来编写程序。多机编队程序如表 7-3 所示。

表 7-3 多机编队程序

指令	说明
scan 4 battery check 15 correct_ip 1=0TQDF8UEDB203H 2=0TQDG44EDBJ542	//扫描 4 架 Tello 无人机 //检查无人机电量是否在 15%以上

续表

指令	说明
3=0TQDG44EDB23H4 4=0TQDG7REDBX81Z	
*>mon sync 5	//所有无人机打开挑战卡探测 //同步时间为 5s
*>takeoff sync 10	//起飞 //同步时间为 10s
1>go 0 0 100 60 m1 2>go 0 0 100 60 m2 3>go 0 0 100 60 m3 4>go 0 0 100 60 m4 sync 5	//1 号无人机以 60cm/s 的速度上升至 100cm 高度 //2 号无人机以 60cm/s 的速度上升至 100cm 高度 //3 号无人机以 60cm/s 的速度上升至 100cm 高度 //4 号无人机以 60cm/s 的速度上升至 100cm 高度 //同步时间为 5s
1>go 0 0 60 60 m1 2>go 0 0 100 60 m2 3>go 0 0 100 60 m3 4>go 0 0 60 60 m4 sync 5	//1 号无人机以 60cm/s 的速度下降至 60cm 高度 //2 号无人机高度保持不变 //3 号无人机高度保持不变 //4 号无人机以 60cm/s 的速度下降至 60cm 高度 //同步时间为 5s
1>go 0 0 60 60 m1 2>jump -120 -120 100 60 0 m2 m4 3>go 0 0 100 60 m3 4>jump 120 120 60 60 0 m4 m2 sync 10	//1 号无人机高度保持不变 //2 号无人机从 2 号挑战卡飞到 4 号挑战卡，速度为 60cm/s //3 号无人机高度保持不变 //4 号无人机从 4 号挑战卡飞到 2 号挑战卡，速度为 60cm/s //同步时间为 10s
1>jump 120 -120 60 60 0 m1 m3 2>go 0 0 100 60 m4 3>jump -120 120 100 60 0 m3 m1 4>go 0 0 60 60 m2 sync 10	//1 号无人机从 1 号挑战卡飞到 3 号挑战卡，速度为 60cm/s //2 号无人机高度保持不变 //3 号无人机从 3 号挑战卡飞到 1 号挑战卡，速度为 60cm/s //4 号无人机高度保持不变 //同步时间为 10s
1>go 0 0 100 60 m3 2>go 0 0 100 60 m4 3>go 0 0 100 60 m1 4>go 0 0 100 60 m2 sync 10	//1 号无人机以 60cm/s 的速度上升至 100cm 高度 //2 号无人机高度保持不变 //3 号无人机高度保持不变 //4 号无人机以 60cm/s 的速度上升至 100cm 高度 //同步时间为 10s
1>jump 0 120 100 60 0 m3 m2 2>jump 120 0 100 60 0 m4 m3 3>jump 0 -120 100 60 0 m1 m4 4>jump -120 0 100 60 0 m2 m1 sync 10	//1 号无人机从 3 号挑战卡飞到 2 号挑战卡，速度为 60cm/s //2 号无人机从 4 号挑战卡飞到 3 号挑战卡，速度为 60cm/s //3 号无人机从 1 号挑战卡飞到 4 号挑战卡，速度为 60cm/s //4 号无人机从 2 号挑战卡飞到 1 号挑战卡，速度为 60cm/s //同步时间为 10s
1>jump -120 0 100 60 0 m2 m1 2>jump 0 120 100 60 0 m3 m2 3>jump 120 0 100 60 0 m4 m3 4>jump 0 -120 100 60 0 m1 m4 sync 10	//1 号无人机从 2 号挑战卡飞到 1 号挑战卡，速度为 60cm/s //2 号无人机从 3 号挑战卡飞到 2 号挑战卡，速度为 60cm/s //3 号无人机从 4 号挑战卡飞到 3 号挑战卡，速度为 60cm/s //4 号无人机从 1 号挑战卡飞到 4 号挑战卡，速度为 60cm/s //同步时间为 10s

*>flip r
sync 5
*>land
	//所有无人机向右翻滚
	//同步时间为 5s
	//所有无人机降落

4. 任务执行

将指令编写好后保存到"play4.txt"文件中,选择"开始"→"运行"菜单命令,在命令行界面输入"=cd duoji"命令,跳转到 duoji 文件夹,输入"python27 multi_tello_test.py play4.txt"命令,如图 7-28 所示。

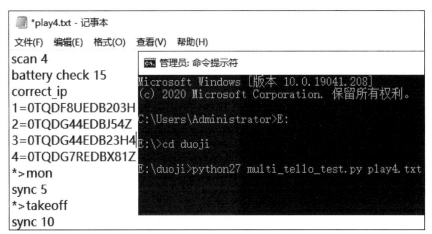

图 7-28 任务执行

或者可以直接运行"双击执行多机编队_四架.bat"脚本文件,如图 7-29 所示。

图 7-29 脚本文件

Tello 无人机若按照规划的路径飞行,则表示任务执行成功。若在飞行过程中出现"炸机"、碰撞、位置错乱等问题,则表示任务失败,需要继续调试程序。任务完成后,先将 Tello 无人机关机,然后回收无人机、挑战卡等设备。

注意:

① 当 Tello 无人机发烫时,程序易丢包,飞行容易发生错误,不可以再飞行。

② 当 Tello 无人机飞行时,所有挑战卡方向必须统一。

③ 当 Tello 无人机飞行时,需要有人在旁边监督飞行过程,以防出现意外。

④ 飞行前一定要检查电池电量。

⑤ 编写 play.txt 文本时,要使用英文字母的键盘输入法,否则会报错。

⑥ 路由器尽量离无人机近一些,以防丢包。

实训 7　无人机花样编程

实训描述：

无人机编程是指通过指令控制无人机的飞行，同时通过编程控制无人机的飞行轨迹，形成不同的造型。对于无人机初学者来说，首先要掌握 Tello 无人机的 SDK 指令，然后编制无人机的飞行路径，根据飞行路径进行编程，实现无人机的花样编程。

实训要求：

① 单机飞行，使用旋转角度指令实现正方形编程。

② 单机飞行，使用旋转角度指令实现"十"字形编程。

③ 双机飞行，双机对角飞行实现六边形编程。

 项目总结

本项目主要介绍了 Tello 无人机及 SDK 接口，使无人机初学者了解 Tello 无人机的编程指令、挑战卡的使用方法；详细介绍了 Tello 无人机编程环境的搭建过程，使无人机初学者掌握无人机编程软件和相关设备；重点介绍了 Tello 无人机+图形化编程方法和 Tello 无人机+Python 编程方法及其注意事项，使无人机初学者掌握无人机编程路径设置、编程任务的实现。通过项目使无人机初学者掌握无人机编程指令、编程方法，通过实践测试，使无人机初学者感受无人机编程的神奇。

项目 8　无人机多机编队

项目描述

　　炫酷的无人机多机编队表演，给人震撼的视觉冲击。目前中小学生的无人机技能竞赛和大学生的无人机技能竞赛，都开始引入无人机多机编队赛项，考核参赛者的逻辑思维能力、创新能力和表达能力。对于无人机初学者来说，无人机多机编队是怎么实现的呢？多机编队的环境是怎么搭建的呢？能变换哪些造型和达到怎样的效果呢？

项目任务

　　对于无人机初学者来说，要完成项目内容需要学习以下任务：

任务 8.1　熟悉无人机多机编队基础知识

任务 8.2　搭建无人机多机编队环境

任务 8.3　熟悉 Fylo EDU 无人机多机编队软件功能

任务 8.4　Fylo EDU 无人机多机编队实践

扫一扫
看微课

无人机多机编队

任务 8.1　熟悉无人机多机编队基础知识

无人机多机编队飞行是各国军队和科研工作者一直以来的研究领域，军用无人机的多机编队飞行可以在一定程度上提高单机单次作战任务的成功概率；民用无人机的多机编队飞行常用于多机编队灯光表演，数百架/数千架无人机能在空中汇聚成各种各样的图案，黑幕搭配亮光具有很高的观赏性。2020 年以来，我国企业在无人机多机编队表演方面不断创新设计、提升技术，从 3000 多架到 5000 多架无人机多机编队表演连续刷新了吉尼斯世界纪录。

1. 无人机多机编队造型

1）献礼祖国 70 周年华诞

2019 年 7 月 18 日晚，深圳市高巨创新科技开发有限公司与零度智控（北京）智能科技有限公司用自己的方式献礼祖国 70 周年华诞，使用 2100 架无人机拼出"我爱你中国""70 华诞"字样，组成万里长城、巨龙腾飞等造型，如图 8-1 所示。

图 8-1　2019 年献礼祖国 70 周年华诞

2）庆祝深圳经济特区建立 40 周年

2020 年 8 月 26 日，深圳经济特区迎来了建立 40 周年的重要时刻，深圳市高巨创新科技开发有限公司将 2020 架无人机升空，在夜空中拼出"我爱深圳"字样，以及"闯"雕像、拓荒牛、大鹏展翅、机场 T3 航站楼等造型，如图 8-2 所示。

图 8-2　2020 年庆祝深圳经济特区建立 40 周年

3）庆祝中国共产党成立 100 周年

2021 年 6 月 17 日，在深圳龙岗大运中心，5200 架无人机融合文化与科技之美，以其绚丽壮观的天空之舞，点亮浩瀚夜空，深情献礼党的百年华诞。5200 架无人机在空中同步上演花式表演，刷新了无人机飞行表演的吉尼斯世界纪录，如图 8-3 所示。

图 8-3　2021 年深圳庆祝中国共产党成立 100 周年

4）庆祝 2022 年北京冬奥会盛大开幕

2022 年 2 月 4 日晚，在深圳市民中心广场上空，2022 架无人机摆出美丽的雪花图案、冰墩墩和雪容融造型，庆祝 2022 年北京冬奥会盛大开幕，如图 8-4 所示。

图 8-4　2022 年深圳庆祝北京冬奥会盛大开幕

2. 无人机多机编队教学机型

无人机多机编队表演类型分为商业表演型和学习型,对于商业表演型无人机多机编队,一般机型稳定性强、安全性高、无人机数量多、多机编队造型丰富且效果好,但造价也高。学习型无人机多机编队机型种类多、无人机数量少、多机编队造型少、程序简单、易于学习,但偶尔会出现丢包情况,作为无人机初学者的入门教程,本项目主要介绍学习型无人机的多机编队。

在中小学、高职、本科等学校的技能竞赛中,常用的无人机多机编队机型有 Fylo EDU 无人机和小鸟飞飞 F600 无人机。

1)Fylo EDU 无人机

Fylo EDU 无人机是一款小轴距、带有全彩 LED、倾向于多机编队飞行的教育无人机。它支持 Scratch 编程,可进行单架或多架编队飞行,飞行动作与灯光同步编程,具有很高的学习性和观赏性,如图 8-5 所示。

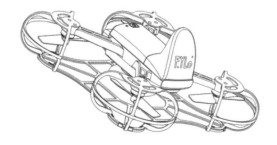

图 8-5　Fylo EDU 无人机

2)小鸟飞飞 F600 无人机

小鸟飞飞 F600 无人机是一款带有全彩 LED、轴距为 126mm 的、编队飞行教育无人机，它的定位方式是图像识别定位，支持 Android/Windows 图形化编程，如图 8-6 所示。

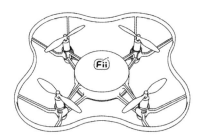

图 8-6　小鸟飞飞 F600 无人机

　　无人机多机编队表演不再是一种遥不可及的技术，教育无人机多机编队项目将带领无人机初学者开启无人机多机编队之旅。

任务 8.2　搭建无人机多机编队环境

本书以 Fylo EDU 无人机多机编队软件作为多机编队平台进行讲解。

1. Fylo EDU 无人机多机编队软、硬件清单

Fylo EDU 无人机多机编队软、硬件清单如表 8-1 所示。

表 8-1　Fylo EDU 无人机多机编队软、硬件清单

分类	名称	数量	作用
软件	谷歌浏览器	1 个	
	Fylo EDU 多机编队软件	1 个	飞行动作与灯光编程
硬件	Fylo EDU 无人机	1~16 架	多机编队飞行
	中继器	1 台	用于终端与无人机的通信
	备用电池	若干	为无人机供电
	基站	4 个	用于室内定位

2. Fylo EDU 无人机多机编队软件

由于 Fylo EDU 无人机多机编队软件是基于谷歌浏览器内核所开发的,所以需要先安装谷歌浏览器。

Fylo EDU 无人机多机编队软件可以在官网下载,下载完成后,解压该文件,在"Fylo-EDU-V2.12-Generic"文件夹中,找到"Fylo-EDU.exe"图标,双击打开即可(无须安装),如图 8-7 所示。

图 8-7　Fylo EDU 无人机多机编队软件

3. 认识 Fylo EDU 硬件

1）机头和机尾的区分

打开包装盒,取出 Fylo EDU 无人机,带 Fylo 标志的部位为机头,带电源开关与电池

接口的部位为机尾，如图 8-8 所示。

2）开关按钮和电源指示灯

Fylo EDU 无人机的开关按钮右边内置一个电源指示灯，长按开关按钮，待电源指示灯变为绿色灯亮时松开手，同时有声音提示，表示开机成功；开机后再长按开关按钮，待电源指示灯熄灭，表示关机。无人机正常运行时电源指示灯为绿色，当电池电量低于临界值时，电源指示灯为红色。

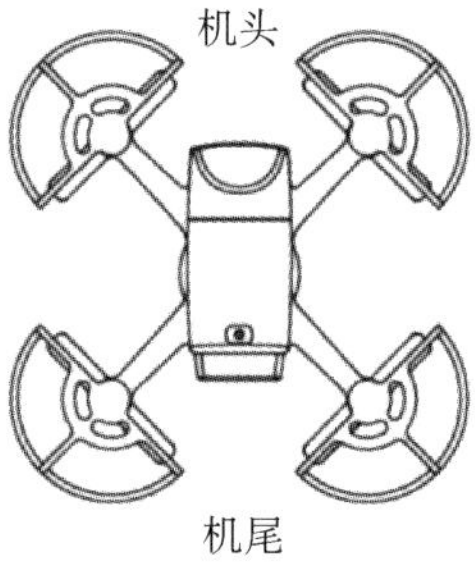

3）指示灯灯语

Fylo EDU 无人机指示灯灯语如表 8-2 所示。

机头

机尾

图 8-8　区分机头和机尾

表 8-2　Fylo EDU 无人机指示灯灯语

指示灯状态	含义
黄色呼吸灯	表示该无人机暂时没有连接或者检测
红色呼吸灯	表示无人机此时电池电量低
三色闪烁	表示无人机硬件故障，需要更换无人机
绿色灯常亮	表示无人机此时已经做好起飞准备，可以单击"起飞"按钮开始无人机编队舞步
蓝色灯常亮	水平校磁状态
黄色灯常亮	垂直校磁状态

注：呼吸灯表示灯变亮后变灭，又变亮后变灭，交替亮灭类似呼吸的状态。

4）基站

无人机在室内飞行时，为实现精准定位，需要搭载基站定位系统。一般无人机多机编队现场最少有 4 个基站，每个基站上都有一个编号，其中，0 号基站为主基站（机身标有Wi-Fi 账号和密码），基站机身有电量指示灯、设备状态灯和供电开关，如图 8-9 所示。

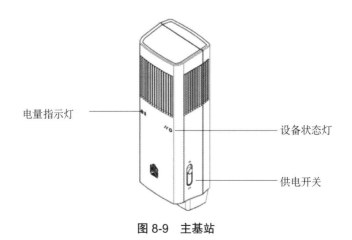

电量指示灯

设备状态灯

供电开关

图 8-9　主基站

基站灯语如表 8-3 所示。

表 8-3 基站灯语

电量指示灯		设备状态灯（只对主基站有效，主基站即 0 号基站）	
蓝色灯常亮	表示基站电池电量大于 20%	红色灯快闪	表示没有设备连接上基站
蓝色灯闪烁	表示基站电池电量小于 20%	红色灯慢闪	表示基站设备硬件异常
蓝色灯熄灭	表示基站电池没电，不能正常工作	红色灯常亮	表示成功连接 Wi-Fi

注意：

① 基站正常供电后，大约需要等待 1min，待基站稳定后再进行连接。连接过程中如果出现无法连接的现象，那么请尝试重启主基站。

② 红色设备状态灯只对 0 号基站有效。1 号、2 号、3 号基站红色设备状态灯快闪属于正常状态；当使用中继器时，0 号基站红色设备状态灯快闪也属于正常状态。

（1）基站摆放。

为每个基站分配一个固定的编号，按照顺时针方向，摆成矩形（边长为 2.5～20m），4 个基站围成的区域是无人机多机编队的飞行范围。比赛时，一般情况下，基站由承办方摆放，基站的安装高度建议为 1.5m，基站的实际摆放距离根据实际编队舞步确定，如图 8-10 所示。

图 8-10 基站摆放

（2）无人机摆放。

所有无人机的机头方向必须垂直 1 号、2 号基站方向；机尾方向垂直于 0 号、3 号基站方向，如图 8-11 所示。

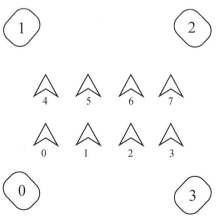

图 8-11 无人机与基站的摆放

注意:

① 根据舞步对应的图纸确定无人机的摆放位置和间距。

② 无论任何舞步,所有无人机的机头方向必垂直于 1 号、2 号基站方向;机尾方向垂直于 0 号、3 号基站方向,否则会有坠机风险。

③ 所有的无人机均以 0 号无人机的摆放角度为参考基准,如果 0 号无人机的摆放位置错误,那么就算其他无人机的摆放位置正确也会出现航向角错误。

④ 基站标定时,工作人员不应在场内随意走动或放置无关物体。

⑤ 连接基站 Wi-Fi 时,基站只能与一台终端连接。

4. 中继器

在竞技赛中,还有一台设备,那就是中继器。计算机通过中继器与无人机进行通信,不需要 Wi-Fi 信号,传输速度更快。这种方式主要是在 Wi-Fi 信号不稳定或出现故障时使用,为多机编队飞行提供一个优选方案。

中继器总共有 3 个状态灯,其中,绿色灯闪烁表示数据发送,红色灯闪烁表示数据接收,蓝色灯表示电源,如图 8-12 所示,中继器仅支持 5V 充电电压。

图 8-12 中继器

任务 8.3　熟悉 Fylo EDU 无人机多机编队软件功能

双击 Fylo EDU 无人机多机编队软件，进入 Fylo EDU 无人机多机编队软件界面，该界面由菜单区、指令区、代码区和控制区组成，如图 8-13 所示。

图 8-13　Fylo EDU 编队软件界面

1. 指令

指令区有 3 类指令，分别为普通模式指令、事件指令和控制指令，普通模式下的主要指令有速度、起飞、降落等飞行指令；事件指令主要是对程序开始条件的设置，包括小旗启动、按键启动指令；控制指令是控制程序延时和控制程序循环的。指令区如图 8-14 所示。

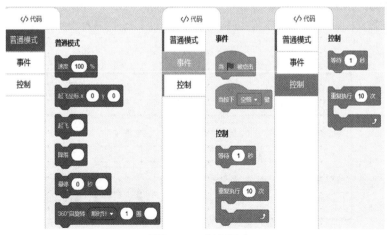

图 8-14　指令区

指令区功能说明如表 8-4 所示。

表 8-4　指令区功能说明

指令	功能说明
起飞	执行起飞指令
降落	执行降落指令
速度 100 %	设置无人机的飞行速度，此模块需要在动作模块前放置
起飞坐标 x 0 y 0	设定无人机的起飞坐标点，单位为 cm，0 号无人机的起飞坐标点必须为 $x=0$，$y=0$
弹跳 高度 厘米	弹跳指令是指无人机以 2 m/s 的速度快速向上飞，高度区间可设为 20～200cm
当 ▶ 被点击	无人机起飞事件模块，配置此模块可以实现单击界面的小旗使无人机起飞
等待 1 秒	无人机等待时间模块，可以设定等待时间，执行下一个模块指令

2. 高级设置

单击菜单区最右侧的设置按钮 ⚙，系统弹出"高级设置"对话框，该对话框可以进行无人机飞行配置及显示数据状态信息，如图 8-15 所示。

图 8-15　"高级设置"对话框

高级设置功能说明如表 8-5 所示。

表 8-5 高级设置功能说明

指令	功能说明
生成舞步	将程序编译成无人机可以识别的舞步文件
仿真	对程序仿真，查看无人机多机编队效果
基站标定	对 4 个基站进行定位标定
上传舞步	将舞步程序上传至无人机
定桩授时	定桩：以 0 号无人机为参考点，对所有无人机进行初始定位 授时：对所有无人机授时，统一标准的同步飞行时间
准备起飞	对无人机进行起飞前的逻辑检测
⊘ 校磁	校准当前无人机的磁力计
⊘ 修改序号	修改无人机序号
磁开关 开	磁力计的使能开关

状态栏功能介绍如下。

舞步 MD5：如果舞步程序上传成功，那么显示 YES，否则显示 NO。

授时定桩：如果授时、定桩成功，那么显示 YES，否则显示 NO。

安全范围：检测无人机摆放位置坐标值与程序位置坐标值之间的差值范围是否正确，如果正确，那么显示 YES，否则显示 NO。如果无人机摆放位置坐标值和间距确认没有错误，那么请重复单击几次"定桩授时"按钮。

起飞许可：显示无人机是否通过起飞检测，是"准备起飞"按钮的反馈。如果通过，那么显示 YES，否则显示 NO。

电量：显示当前无人机的电池电量。通常连接上基站、无人机开机的情况下均可获得此数据。如果没有数据，那么请检查无人机。

飞机坐标：显示当前无人机的实时坐标。

固件版本：显示当前无人机的固件版本。

注意：起飞前必须要查看每架无人机的状态是否都正常，电池电量是否充足，否则不能起飞。

3. 控制操作

在 Fylo EDU 编程软件的控制区，有添加无人机、控制运行、模式切换和上传程序等操作，如图 8-16 所示。

控制区按钮的功能说明如表 8-6 所示。

图 8-16 控制区

表 8-6　控制区按钮的功能说明

按钮	功能说明
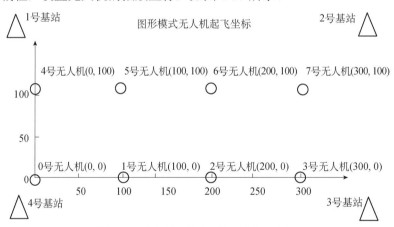	单击箭头符号可将".hg"编程文件上传至编程界面,如果要上传 0 号无人机,那么需要删除原 0 号无人机,以避免后续上传时重名系统自动将其生成为 1 号无人机
	单击小旗表示执行代码,单击圆圈表示停止运行
	单击"x"号可以删除当前无人机,右击无人机可对无人机进行复制、导出、删除、重命名操作
	模式切换按钮,可以将普通模式 普通模式 ◯ 切换成图形模式 图形模式 ◯
	添加无人机,最多可添加 16 架无人机

控制区有两种模式,一种为普通模式,另一种为图形模式。在普通模式下,可以对无人机多机编队中每架无人机单独编程;在图形模式下,可以使用图形化编程软件中的图形化命令进行编程,设置无人机的摆放坐标,如图 8-17 所示。

图 8-17　图形模式下无人机的起飞坐标

若在图形模式下,设定了无人机数量和起飞坐标,则在真机飞行时,无人机数量没有满足 8 架的情况下,上传舞步时会显示失败。

任务8.4 Fylo EDU无人机多机编队实践

1. 多机编队任务描述

使用 8 架无人机完成多机编队表演任务，首先，要求全部无人机起飞并上升至 100cm 高度，在空中悬停 3s，变换队形为圆形，显示红色呼吸灯；其次，全体无人机顺时针旋转 360°，显示蓝色呼吸灯，在空中悬停 3s；再次，全体无人机向上飞行 100cm，显示黄色呼吸灯；最后，全体无人机返回起飞点并降落。

2. 编程

打开 Fylo EDU 软件（本次使用图形模式进行多机编队，无须设置无人机坐标），在主界面控制区，将多机编队模式切换为图形模式 图形模式 ⬤，根据任务编写程序代码，如图 8-18 所示。

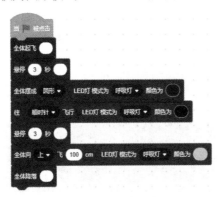

图 8-18 舞步程序

注意：舞步程序中必须含有小旗指令、全体起飞指令及全体降落指令，否则无法生成舞步。

3. 仿真

程序编写完成后，在计算机上进行多机编队程序仿真，需要经过生成舞步、基站标定和舞步仿真 3 个步骤，仿真流程如图 8-19 所示。

图 8-19 仿真流程

1）生成舞步

单击右上角的设置按钮⚙进入"高级设置"对话框，单击"生成舞步"按钮，生成舞步过程中无人机的指示灯会变成蓝色，如果舞步程序符合要求，那么可成功生成舞步；如果生成舞步失败，那么最常见的原因有两种，一是无人机编号或数量不对，二是仿真软件已经打开，导致路径被占用，因此需要再次确认无人机编码、数量是否都设置正确，关闭之前的仿真界面，重新执行"生成舞步"指令。

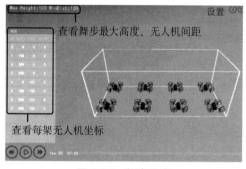

图 8-20　舞步仿真

2）基站标定

生成舞步完成后，单击"基站标定"按钮，在模拟仿真时，系统显示基站会出现 X 轴、Y 轴、Z 轴的坐标数据，同时会显示基站的电池电量。

3）舞步仿真

完成基站标定后，单击"仿真"按钮，进入仿真界面，此时可以查看每架无人机的坐标信息，如图 8-20 所示。

4. 播放效果

单击播放按钮◉，可以观看多机编队的效果。

第一个动作：全体无人机起飞并上升至 100 cm 高度，起飞效果如图 8-21 所示。

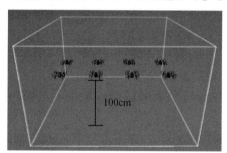

图 8-21　起飞效果

第二个动作：全体无人机变换队形为圆形，LED 变为红色呼吸灯，圆形效果如图 8-22 所示。

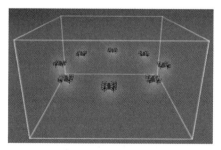

图 8-22　圆形效果

第三个动作：全体无人机顺时针旋转 360°，LED 变为蓝色呼吸灯，旋转效果如图 8-23
所示。

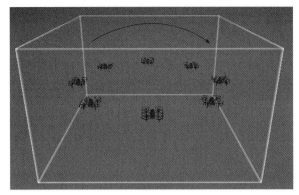

图 8-23 旋转效果

第四个动作：全体无人机向上飞行 100cm，LED 变为黄色呼吸灯，上升亮灯效果如图
8-24 所示。

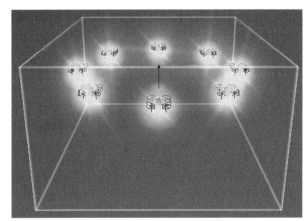

图 8-24 上升亮灯效果

第五个动作：全体无人机返回起飞点并降落，降落效果如图 8-25 所示。

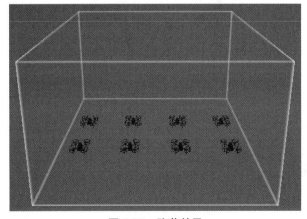

图 8-25 降落效果

5. 真机表演

多机编队仿真成功后，就可以进行真机多机编队表演了，表演场地通常选择宽阔的空间，比赛时，比赛由举办方负责，在真机多机编队表演前还需进行以下几个操作。

1）摆放基站与无人机

将 8 架无人机分别摆放到对应坐标（图形模式显示了固定的 8 个坐标）处，装上电池并开机，确认 4 个基站也为开机状态，确保所有无人机的机头方向均垂直于 1 号、2 号基站方向。

2）连接中继器

将中继器与计算机相连，并开启中继器。

3）磁力校准

第一步：先将无人机放置在水平位置，再单击"校磁"按钮。

第二步：开始校准后，无人机蓝色灯常亮，保持机身水平，缓慢地将机身旋转 2~3 圈，转动过程中请保持蓝色灯常亮，直到无人机亮起黄色灯，否则，需要重新将无人机角度调整好再继续转动，直到无人机黄色灯亮起，如图 8-26 所示。

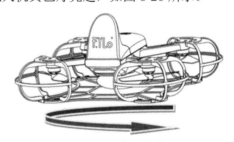

图 8-26　水平校准

第三步：保持无人机机头垂直向下，缓慢地旋转 2~3 圈，转动过程中请保持黄色灯常亮，否则，需要重新将无人机角度调整好再继续转动，直到校准成功（无人机绿色灯亮起约 3s）。若校准失败，则无人机会亮起红色灯，需要重新校准，如图 8-27 所示。

图 8-27　垂直校准

注意：水平校准完成后，中间不要停顿，无须重启，需要马上做垂直校准。

4）基站标定

无人机定位成功后，0 号、1 号、2 号、3 号基站会出现"X""Y""Z"的坐标数据，同时会显示基站的电池电量，如图 8-28 所示。

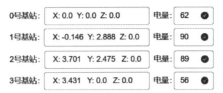

图 8-28　基站的电池电量显示

5）上传舞步

单击"上传舞步"按钮后，界面会显示上传进度，舞步按无人机序号逐一进行上传，将多机编队仿真校验成功的程序上传到无人机。

6）定桩授时

在定桩授时过程中需要手动输入无人机航向角，输入航向角有如下两种方法。

方法一：请将 0 号无人机放置在离地面约 100cm 高度，无人机的机头方向垂直于 1 号、2 号基站方向，保持稳定，界面会显示航向角，将航向角输入编队软件的航向角文本框中，单击"确定"按钮，将无人机保持方向不变地放到指定坐标处。机头方向定桩授时如图 8-29 所示。

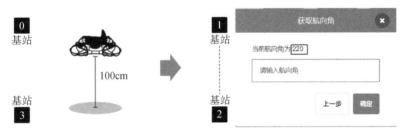

图 8-29　机头方向定桩授时

方法二：打开手机的指南针软件，手机与 0 号无人机机头朝向保持一致，手机离地面同样约 100cm 高度，将手机指南针软件显示的角度输入多机编队软件的航向角文本框中。指南针定桩授时如图 8-30 所示。

图 8-30　指南针定桩授时

7）状态监测

查看无人机状态是否全部校验通过，若校验通过，则指示灯为绿色，表示无人机可以起飞；若校验不通过，则指示灯为红色，需要重新调试程序或进行校验工作。状态图如图 8-31 所示。

图 8-31　状态图

状态全部校验通过后，即可回到代码界面单击小旗按钮▶️，开始真机多机编队表演了。在真机多机编队表演时，也会出现很多意外情况，如无人机挂网、丢失命令、起飞失败、电量不足等，需要编程人员认真检查程序是否错误、无人机和基站的电池电量是否充足、无人机和基站是否损坏等情况。

注意：

① 设计舞步程序时，注意无人机与无人机的间距必须在 50cm 以上，避免产生碰撞。

② 0 号无人机的坐标点必须为 $x=0$，$y=0$；1 号无人机的起飞坐标点根据舞步设计来摆放，但两者的最小摆放间距不能小于 50cm。

③ 起飞前应检查所有设备的电量是否充足，避免发生坠机情况。

④ 当基站的电池电量低于 30% 时，请立即更换基站电池，若电池电量过低，则会引起基站工作不稳定而导致无人机坠机。

⑤ 建议打开磁开关，但在周边金属物较多的环境，无人机容易对磁传感器造成影响，导致无人机航向不准确，此时需要关闭磁开关，并将舞步飞行时间控制在 150s 以内。

⑥ 生成舞步后才能进行仿真飞行，仿真飞行无错误后，才能执行舞步（飞行），在执行舞步时请勿进入飞行区域。

实训 8　无人机多机编队造型设计

实训描述：

无人机多机编队考查更多的是飞手的空间想象能力、思维逻辑能力、数学运算的准确程度，以及对客观因素的容错能力。无人机多机的数量越多，难度越大，需要考虑的因素就越多。对于无人机初学者来说，无人机多机编队的最大工作量是在设计部分，多机编队造型的设计思路是整个多机编队的灵魂，做好多机编队造型的设计和仿真是开启无人机多机编队的第一步。

实训要求：

① 4机编队，双环造型编程。

② 6机编队，波浪造型编程。

③ 8机编队，螺旋造型编程。

 项目总结

本项目主要介绍了无人机多机编队概述和常见的无人机多机编队机型，使无人机初学者了解无人机多机编队的造型；详细介绍了无人机多机编队的软硬件设备和环境搭建方法，使无人机初学者掌握无人机多机编队的环境搭建过程；详细介绍了无人机多机编队软件的功能模块，使无人机初学者掌握无人机多机编队软件的使用方法；重点介绍了无人机多机编队任务的实现过程及注意事项，使无人机初学者掌握无人机多机编队的编程、仿真和真机试飞的整个过程。通过项目使无人机初学者掌握无人机多机编队的设计与实现过程，使无人机初学者体验到梦想实现的愉悦感。

项目 9　无人机维修与保养

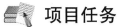 项目描述

　　无人机的飞行与编程给无人机初学者带来了无限的快乐和成就感，但是"炸机"给无人机初学者带来的却是无尽的无奈。无人机作为一个新的高科技电子产品，除了按照正确的方式操作和使用，日常的检查、维修和保养也是至关重要的。作为无人机初学者，怎么进行无人机的日常保养呢？当无人机出现问题，又怎么进行无人机的维修呢？

　 项目任务

　　对于无人机初学者来说，要完成项目内容需要学习以下任务：

　　任务 9.1　熟悉无人机常见问题

　　任务 9.2　掌握无人机维修方法

　　任务 9.3　掌握无人机保养方法

扫一扫
看微课

无人机维修与保养

任务 9.1 熟悉无人机常见问题

无人机在使用过程中会出现各种各样的问题，作为无人机初学者，要了解无人机的常见问题，如"炸机"、桨叶磨损、电池鼓包等。

1. "炸机"

1）新手"炸机"

新手"炸机"后都会后悔没有好好看说明书，或者说自己缺乏经验，"炸机"的理由千奇百怪。

常见的"炸机"原因如下。

（1）飞行前。

① 没有校准 GPS 和指南针。

② 没有看好 GPS 信号格数，GPS 信号弱仍坚持飞行。

③ 没有拧紧螺旋桨，导致螺旋桨松动，飞行不稳。

④ 没有确认电池电量，低电量飞行。

（2）飞行中。

① 飞行操作不当。

② 超视距飞行，分不清机头和机尾，方向错乱。

③ 飞行过程中经过干扰区域。

④ 飞行前忘记观察天气，突然起风或大风天气仍坚持飞行。

⑤ 操控过猛、急刹车导致翻滚跌落。

2）熟练玩家"炸机"

很多熟练玩家都是从无人机中的直升机机型开始练习的，能力水平毋庸置疑，很多时候"炸机"原因比较复杂，有时即便是专业工程师测试很久也可能找不出来原因，还有可能是熟练玩家自己改造的无人机内部干扰的问题导致的，如电片问题。

无人机搭载着精密的元器件和外设，长期户外飞行，非常容易受到损伤，要想保证其正常飞行和使用寿命，除按照规范正常操作使用外，还需要经常对无人机进行维修与保养。

2. 日常问题

对于无人机爱好者来说，无人机经常会遇到一些问题，如桨叶磨损、电池鼓包、螺栓脱落等。

1）桨叶磨损

桨叶磨损问题属于正常现象，如剐蹭、"炸机"等情况都会引起桨叶磨损，根据桨叶磨损情况,将磨损程度分为轻度、中度和重度 3 个等级,如图 9-1 所示。

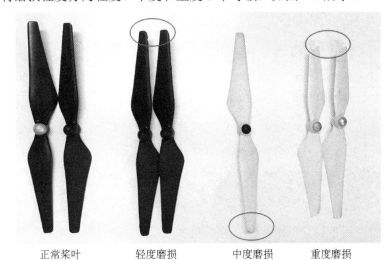

| 正常桨叶 | 轻度磨损 | 中度磨损 | 重度磨损 |

图 9-1   不同磨损程度的桨叶

桨叶轻度磨损:无人机桨叶与树叶或轻型物体摩擦,出现轻微划痕或摩擦不平等情况,不影响飞行,不用更换桨叶。

桨叶中度磨损:无人机桨叶与地面或重型物体摩擦,出现裂缝、破损等情况,视情况更换桨叶。

桨叶重度磨损:无人机因"炸机"或坠机等情况引起桨叶断裂、磨损严重等情况,建议更换桨叶。

无人机的 4 个桨叶中只要有 1 个桨叶出现中度或重度磨损,就必须更换桨叶。

2)电池鼓包

众所周知,无人机用的动力锂电池在过充、过放、高温和长时间满电存放的情况下都容易出现鼓包现象,俗称"怀孕"。"怀孕"的电池不仅续航时间大幅缩水,还会危害飞行安全,极端情况下,电池在空中鼓包,会导致电池直接弹射出仓,无人机自由落体"炸机"。正常电池和鼓包电池实物如图 9-2 所示。

图 9-2   正常电池和鼓包电池实物

常见的电池鼓包原因如下。

(1)电池工艺。

电池电解液本身的质量问题或液位不合适;电池正负极材料及生产工艺粗糙,电极涂层不均匀或壳体变形等；电池装配密闭性不好、落入粉尘或有漏液现象等。

（2）过充、过放。

电池在充、放电过程中会出现气体形成压力，一般情况下，电池的内压不会有明显升高，但如果充电电流过大，或充电时间过长，出现的气体来不及被消耗，就有可能造成内压升高，引起电池变形、漏液等不良现象。

（3）温度影响。

电池的充、放电性能受温度的影响很大，环境温度范围应在 5～30℃之间，一般充电效率会随温度的升高而升高，当温度升到 45℃以上时，会破坏电池内的化学平衡，产生副反应，增加电池的鼓包风险。

（4）长时间存放。

电池长时间不用会发生鼓包现象，因为空气中有水蒸气，水蒸气在一定程度上会导电，因此，长时间存放就相当于电池的正负极直接接触，会引起慢性短路。

3）电机烧坏

一般情况无人机电机不容易坏，但是在"炸机"时，电机继续转动、桨叶被卡住、电机过载，会引起电机发热发烫，导致电机烧坏。若电机怠速不统一，则建议重新校准油门行程，若仍不统一，则建议更换电机。

4）其他问题

无人机的其他问题还有螺栓脱落、焊锡丝脱焊、遥控器通道不准、遥控器通信延时等问题。

（1）螺栓脱落。

螺母老化或螺栓脱落、没有拧紧或没拧到位、起飞前未认真检查螺栓情况，都会引起"炸机"。

（2）焊锡丝脱焊。

由于电路板的工艺问题或严重撞击后会引起焊锡丝脱焊。

（3）遥控器通道不准与通信延时。

遥控器通道没有校准、遥控器通道设置反向、遥控器和无人机之间存在通信延时、控制不灵敏、摇杆舵量不满等问题都会引起"炸机"。

在无人机的常见问题中，有些是可以避免的，有些是可以处理的。对于无人机初学者来说，要有意识地了解无人机的常见问题，为后续无人机的维修和保养打下基础。

任务 9.2 掌握无人机维修方法

在无人机首次"炸机"后，飞手们开始意识到无人机维修的重要性了，本任务将介绍无人机维修工具和常见问题的维修方法。

1. 无人机维修工具和配件清单

无人机维修工具和配件清单如表 9-1 所示。

表 9-1 无人机维修工具和配件清单

分类	名称	作用
工具	工具箱	安装与拆卸螺栓
	电烙铁	焊接
配件	遥控器	控制无人机
	脚架	更换脚架
	桨叶	更换桨叶
	螺栓	固定元器件

2. 无人机的维修

1）更换桨叶

① 根据螺旋桨实际磨损情况，选择是否更换桨叶。

② 更换桨叶时应检查桨叶根部的 CW 和 CCW 标识，避免装反，切记要更换相同标识的桨叶。

③ 拧螺栓时，将桨叶旋转大约 4.5 圈，当感受到阻力时停止旋转，不要拧太紧，方便桨叶转动自如。

④ 桨叶要整套更换，新旧桨叶、不同型号的桨叶均不可混用，不得随意拆卸，不得擅自改装。

⑤ 如果桨叶有严重裂痕，那么要及时更换，以免影响飞行。

2）电池充电

无人机电池的充电也是非常讲究的，关系到电池的使用寿命，充电时需要使用锂离子或锂聚合专用充电器，常用的是 imax B6 充电器，如图 9-3 所示。

（1）imax B6 充电器的充电操作。

① 将充电器电源线插到家用电插座上，imax B6 充电器显示屏亮起并显示信息，将连接线插到 imax B6 充电器的红黑香蕉插座上，将锂电池的白色平衡插头插到 imax B6 充电器的电池插口上，将红色 T 头或黄色 JST 头和转接线连接。切记要先插红黑香蕉插座再连接电池，以防止正负极短路打火。

图 9-3 imax B6 充电器

② 按 BATT.TYPE 键（最左键）选择电池种类，选中 LIPO BATT（锂聚合物电池），按 ENTER 键（最右键）确认，进入充电选择界面。

③ 按 DEC 键（左箭头键）或 INC 键（右箭头键）可以切换充电模式，选中 LIPO BALANCE（锂聚合物平衡充），按 ENTER 键确认。

④ 按左/右箭头键可以增大或减少数值，选择充电电流大小，根据电池类型选择充电电流大小，按 ENTER 键确认。锂聚合物电池充电电流最好不要超过 1C，也就是 4400mAh容量的电池，其最高的充电电流为 4.4A，实际上建议使用 0.5C 的充电电流，即 4400mAh容量的电池的最佳电流为 2.2A。

⑤ 按左/右箭头键选择充电电压，可以改变电压数值 1～6S，具体以充电电池 S 数为准，按 ENTER 键确认。

⑥ 先长按 ENTER 键开始平衡充电，若连接和操作无误，则会有"嘀"的提示音，再短按一下 ENTER 键，平衡充电器开始充电，显示屏上会显示充电电流、电压、时间、充入容量等参数，按右箭头键可查看每片电芯的电压是否平衡，按返回按钮可返回充电参数界面。电池充满电后，imax B6 充电器会自动发出"嘀嘀、嘀嘀"的提示音，按下 BATT.TYPE键取下电池，拔掉充电器电源即可。

（2）imax B6 充电器的放电操作。

① 将充电器电源线插到家用电插座上，imax B6 充电器显示屏亮起并显示信息，将连接线插到 imax B6 充电器的红黑香蕉座上，将锂电池的白色平衡插头插到 imax B6 充电器的电池接口上，将红色 T 头或黄色 JST 头和转接线连接。

② 电池种类选 LIPO BATT（锂聚合物电池），按 ENTER 键确认。

③ 充电模式按左/右箭头键，选中 LIPO STORAGE（锂聚合物电池 存储模式），按

ENTER 键确认。

④ 设置放电电流，按左/右箭头键改变数值，最大可到 1A（一般为 0.4～0.7A），电压可选 1～6S。

⑤ 先长按 ENTER 键，充电器发出正常提示音，再短按一下 ENTER 键，进入放电程序。

⑥ 当单片电压降至 3.8V 时，充电器发出"嘀嘀、嘀嘀"的提示音，按 BATT.TYPE 键取下电池，可放心存放。

⑦ 电池要经常检查，发现电压过低时，需及时补充，每 1～3 个月为电池循环充、放电，方可使电池保持活性、延长使用寿命。

注意：

① 电池不过放。

电池电压下降过快，控制不好就会导致过放，轻则损伤电池，重则由于电压太低造成"炸机"。不要每次飞到电池容量极限时，才停止飞行。

② 电池不过充。

有些充电器在充满电以后不会自行断电，导致单片电池充满到 4.2V 后仍在充电，这种情况轻则影响电池使用寿命，重则导致电池爆炸起火。

③ 充电时一定要有专人看管，充满电时及时拔掉电源，否则会出现意外事故。

任务 9.3 掌握无人机保养方法

与其在无人机损坏时才想起来维修和维护，倒不如平时对无人机进行有效的保养。无人机的保养也是需要一些工具和保养方法的。

1. 无人机保养工具清单

无人机保养工具清单如表 9-2 所示。

表 9-2 无人机保养工具清单

分类	名称	作用
工具	小清洁刷	清除落入无人机角落与缝隙中的尘垢
	罐装压缩空气	清除无人机"敏感部位"的尘垢，如电机或电路板旁边的尘垢
	异丙醇	清洁祛除污垢、草渍、血液等 99%的各种顽渍，且不会损坏电路
	超细纤维布	和异丙醇协同工作，擦拭无人机
	三合一润滑剂	高效润滑、清洁、防锈
	防潮包	防潮

2. 无人机保养方法

1）机体保养

无人机作为一种消费行业的高端精密电子设备，要经常进行存放保养、检查保养、打蜡保养。

（1）无人机的存放保养。

水、雨、沙尘等作为无人机最大的自然杀手，对无人机有很大的杀伤力。无人机要做好防水、防潮、防沙尘、防止磁性干扰的管理。

① 防水。虽然无人机不是沾水即坏，但是如果沾水后没有及时处理，那么会损坏电子元器件，使无人机出现故障并缩短无人机的使用寿命。若无人机在航拍时突遇下雨，则最好立即返航降落，断电关机，擦干无人机，待风干后再使用。

② 防潮。春季回南天或夏天梅雨季会出现持续性潮湿，空气中水蒸气增多，尽量不要将无人机的电路板、镜头等元器件裸露存放，可使用抽湿机、吸湿盒、除湿包、防潮箱等防潮产品，使存放点的空气湿度降低到 60%以下。

③ 防沙尘。在沙土碎石地区、沙漠地区或沙尘大的地区操控无人机时，要格外注意防止沙尘进入无人机，每次飞行后要对无人机进行除尘清洁，以减少沙尘对电子元器件的影响。

④ 防止磁性干扰。无人机处于强磁场环境时，指南针会显示异常，若长时间不使用无人机，则应远离强磁场存放。

（2）无人机的检查保养。

① 检查无人机机身螺栓是否出现松动，无人机机臂是否出现裂痕破损，如果有裂痕，那么尽量更换或者寄回检测维修。

② 检查减振球是否老化，若减振球外层变硬或者开裂，应及时更换，避免影响航拍效果。

③ 检查 GPS、起落架的天线位置是否贴有物体，如果贴有带导电介质的贴纸，那么应及时撕下，以免影响飞行信号。

④ 检查机身是否有污染异物，如果有粘胶、污垢等，那么应该及时清理，组件若有损坏请及时返修。

（3）无人机的打蜡保养。

目前市面上的航拍无人机，表面涂装均采用了喷漆工艺，机体表面要定期打蜡养护，打蜡不仅可以使无人机更加光洁靓丽，还可以形成保护膜，隔绝保护涂装漆面。

2）电池保养

无人机电池对于无人机飞手来说，既是一个易耗品，也是一个危险品，每一个飞手都要从无人机电池的存放保养、使用保养和定期保养开始。

（1）电池的存放保养。

① 电池要轻拿轻放，固定电池时，要用扎带扎紧。因为电池的外壳是防止电池爆炸和漏液起火的重要结构，电池的外壳破损将会直接导致电池起火或爆炸。

② 不要在寒冷的车库、地下室，阳光直射下或热源附近充、放电，极端温度会影响电池的性能和使用寿命。

③ 在不使用无人机时，应将电池取出，并且单独存放，同时保持存放环境干燥，勿将电池放置于可能漏水或潮湿的位置。

④ 电池切勿在完全放电状态下长期放置，以免电池进入过放状态造成电芯损害，否则将无法恢复使用。建议 2～3 个月重新充、放电一次，以保证电池活性。

（2）电池的使用保养。

① 检查电池的主体、把手、线材、电源插头，观察其外观是否受损、变形、腐蚀、变色、破皮，以及插头与无人机的插接是否过松。

② 在安装、拔出电池前，请保持电池电源关闭，请勿在电池电源打开的状态下拔插电池。

③ 保持电池接口清洁，若电池接口有污物，则使用纱布擦拭干净，否则会造成电路接触不良、能量损耗或无法充电等问题。

④ 若电池出现鼓包，则立即停止使用，在电池受到撞击后，要将其移到安全位置，小心观察，静置 20min 后再使用。

⑤ 每次飞行结束后，用纱布擦拭电池表面及电源插头，确保没有污迹或农药残留，以免腐蚀电池。

（3）电池的定期保养。

① 夏季保养。夏季气温高，在户外高温放电后或高温下取回电池后，最好不要立即充电，待电池表面温度下降后再对其进行充电，电池最好不要在阳光下暴晒。

② 冬季保养。冬季气温低，在电池放电后要采取有效的保温措施（如使用保温箱保存），以确保电池的温度保持在5℃以上，低温环境下电池的续航时间会有明显的缩短，出现低电量报警后，需要立即返回并降落。

③ 对于长时间不用的电池也要定期保养，每1～3个月要进行一次电池充、放电。

3）螺旋桨保养

无人机的螺旋桨虽然没有电池那么容易损坏，但是也需要保养。

① 安全飞行，尽量减少出现无人机"炸机"、撞障碍物的情况，防止螺旋桨磨损和损坏。

② 观察螺旋桨桨叶是否出现裂痕、缺口，若损伤严重，则建议直接更换新的螺旋桨。

③ 检查螺旋桨是否按顺序固定好。

4）电机保养

除了螺旋桨，对无人机飞行稳定性影响最大的就是电机了。

① 清理电机。及时清理电机机座外部的灰尘、油泥，若飞行环境灰尘较多，最好每次飞行后清理一次。

② 检查和清擦电机接线。检查接线盒接线螺栓是否松动、损坏。

③ 检查各固定部位螺栓，将松动的螺栓拧紧。

④ 检查电机转动是否正常，检查电机转轴是否灵活，或有无不正常的摩擦、卡阻、窜轴和异常响声。

⑤ 若通电后，某个电机不转、转速很低或有异常响声，应立即断电，若通电时间较长，则可能损坏控制电路，甚至烧毁电机。

5）遥控器保养

① 不要在潮湿、高温的环境下使用或放置遥控器，因为潮湿、高温的环境很容易使遥控器内部元器件损坏，或加速遥控器内部元器件的老化，也会造成外壳变形。

② 遥控器在使用时要拿稳，避免强烈的振动或从高处跌落，以免影响内部构件的精度。

③ 检查遥控器天线是否有损伤，遥控器的挂带是否牢固，以及遥控器与航拍器的连接是否正常。

④ 遥控器在使用或者存放过程中，尽量不要"弹杆"，避免摇杆松动导致其操控不灵敏。

⑤ 检查遥控器的各个接口处是否有异物或者存在接触不良的情况。

⑥ 检查遥控器的电量，避免低电量状态时操控无人机。

总之，在使用无人机过程中，维护保养工作是非常重要的。套用一句流行的广告词："三分用，七分养"。无人机每一次华丽升空、平稳降落的背后，都离不开飞手细致入微的检查和坚持不懈的维护。一场出色的表演，必定凝结着台下苦练基本功的汗水。正所谓"台上一分钟，台下十年功"，要想让自己的无人机能够在更加广阔的天空中飞翔，我们就要沉下心来，做好无人机的"保姆"。

实训 9　无人机自我养护

实训描述：

珍贵的东西永远是"三分用，七分养"，定期、定时对无人机进行维护也是很有必要的，在飞行前对无人机进行检查，避免"炸机"造成巨大损失，"以经验换金钱"是每个专业飞手能力的体现。对于无人机初学者来说，学会无人机的自我养护，要从电池的充、放电开始，用爱滋养无人机，无人机会飞得更远。

实训要求：

① 对电池进行定期检查，安全充电，避免过充与过放。

② 对无人机的机身进行检查，加固螺栓、更换桨叶。

③ 做好保养记录。

 ## 项目总结

本项目主要介绍了无人机的常见问题，使无人机初学者了解无人机"炸机"的原因和影响因素；详细介绍了无人机的维修工具和方法，使无人机初学者掌握桨叶的更换、螺栓的更换和机体检查等小问题的维修方法；重点介绍了无人机的保养方法，使无人机初学者掌握电池、桨叶、遥控器等无人机元器件的保护与保养。通过项目使无人机初学者掌握无人机维修与保养的方法，通过爱的传递，使无人机初学者与无人机融为一体。

项目 10　无人机管控

项目描述

　　每个人都想在浩瀚的天空中自由翱翔，享受无拘无束的洒脱，然而理想很完美，现实很残酷，越来越多的"黑飞"给社会带来了很多问题，国家对无人机飞行的管控也越来越严格，明确了禁飞区，飞手们要遵守规章制度，安全飞行，做持证的文明飞手。对于无人机初学者来说，什么是"黑飞"呢？禁飞区有哪些呢？怎么样才能安全飞行呢？如何考取无人机驾驶执照，成为持证的飞手呢？

项目任务

　　对于无人机初学者来说，要完成项目内容需要学习以下任务：
　　任务 10.1　熟悉无人机安全飞行注意事项
　　任务 10.2　熟悉无人机驾驶执照相关知识

任务 10.1　熟悉无人机安全飞行注意事项

近年来，会操控无人机的人越来越多，作为无人机爱好者，在操控无人机时，要遵守国家法律法规，遵守无人机飞行管理规定，做到安全飞行，首先要了解一下国家对禁飞区、非管控区域的界定，然后要熟悉无人机安全飞行的注意事项。

1. 禁飞区

2017 年，中国民用航空局发布《民用无人驾驶航空器实名制登记管理规定》，要求最大起飞质量在 250g 以上的民用无人机需要实名登记注册。2017 年 5 月 17 日，中国民用航空局发布《关于公布民用机场障碍物限制面保护范围的公告》，首批公布 155 个民用机场障碍物限制面保护范围数据。随后全国多个省市相继出台"低慢小"航空器的"禁飞"条例，对禁飞区有了明确的规定，如表 10-1 所示。

表 10-1　禁飞区

序号	省市	禁飞区
1	广东省（除深圳市外）	① 机场净空保护区（机场跑道中心线两侧各 10km、跑道两端各 20km 范围），民航航路、航线，高速和普通铁路、公路及水上等交通工具运行沿线、区域 ② 党政机关、军事管制区、通信、供水、供电、能源供给、危险化学品储存、大型物资储备、监管场所等重点敏感单位、部位及其设施 ③ 大型活动场所、公民聚居区、车站、码头、港口、广场、公园、景点、商圈、学校、医院等人员密集区域
2	深圳市	微型无人机禁飞区包括： ① 真高 50m 以上范围 ② 机场、临时起降点围界内及其周边 3000m 范围 ③ 香港边界线到深圳一侧 100m 范围 ④ 军事禁区及其周边 500m 范围，军事管理区、市级（含）以上党政机关、监管场所、口岸、海关监管区及其周边 200m 范围等 轻型无人机禁飞区包括： ① 真高 120m 以上范围，军用机场净空保护区，民用机场障碍物限制面水平投影范围 ② 有人驾驶航空器和大型无人机临时起降点及其周边 3000m 范围 ③ 香港边界线到深圳一侧 500m 范围 ④ 军事禁区及其周边 2000m 范围，军事管理区、市级（含）以上党政机关、监管场所、口岸、海关监管区及其周边 500m 范围等
3	河南省	① 郑州市行政区内禁止"低慢小"航空器擅自飞行 ② 机场周边、大型活动现场等区域 ③ 大型群众性活动现场、重点要害目标单位及其附近、军事管制区及机场净空保护区等区域 ④ 除经批准执行特殊任务外，禁止一切"低慢小"航空器升空飞行

续表

序号	省市	禁飞区
4	北京市	① 六环内 ② 机场净空保护区
5	四川省	① 民用机场沿跑道中心线两侧各 10km、跑道端外 20km 和军用机场沿跑道中心线两侧各 15km、跑道端外 20km 范围内的净空保护区域 ② 军事管理区、监狱、发电厂及其周边 100m 范围 ③ 铁路和高速公路、超高压输电线路及其两侧 50m 范围 ④ 大型军工、通信、危险化学品生产储存、物资储备等重点防控目标区 ⑤ 省和市（州）人民政府公告的临时管制区域
6	江苏省	① 各地公布的机场净空保护区 ② 政府机关、军事机关、军事设施、水电油气设施、危险化学品单位等重点部位 ③ 机场、车站、港口、码头、景点商圈等人员密集区域 ④ 大型活动、重要赛事现场，以及政府临时公告的禁止飞行区域
7	重庆市	① 党政机关等重点地区 ② 民用机场沿跑道中心线两侧各 10km、跑道端外 20km 范围内的净空保护区域 ③ 军工、通信、供水、供电、能源供给、危险化学品储存、大型物资储备等重点防控目标区域 ④ 车站、码头、港口、商圈、街道、公园、大型活动场所、展览馆、学校、医院等人员密集区域 ⑤ 市、区、县（自治县）人民政府公告的临时管制区域

2. 飞行指引查询

进入大疆官网，选择"安全飞行指引"选项，进入"安全飞行指引"界面，单击"限飞区查询"按钮，进入"限飞区查询"界面，输入想要查询的区域即可查看该地是否为禁飞区。例如，输入"珠海市"，发现珠海机场周围均为禁飞区。除禁飞区外，深圳市大疆创新科技有限公司还将飞行区域划分了 6 种类型，包括限高区、授权区、警示区、加强警示区、法规限制区、轻型无人机适飞空域，如表 10-2 所示。

表 10-2　飞行区域

区域	详细说明
⬤ 禁飞区	此区域在地图上显示为红色，无人机将无法在此区域飞行。如果用户已获得有关部门在此区域的飞行许可，请在线申请解禁或者联系 flysafe@dji.com 申请解禁
⬤ 限高区	此区域在地图上显示为灰色，无人机在此区域飞行时，飞行高度将受到限制。示例：机场附近的灰色区域
⬤ 授权区	此区域在地图上显示为蓝色，当无人机飞行至此区域时，系统将默认发送飞行警示及飞行限制信息，已授权用户可使用大疆认证账号解禁授权区的飞行限制
⬤ 警示区	此区域在地图上显示为黄色，在警示区范围，DJI App 的地图中未必显于全部的警示区。用户会在飞行器飞行至此区域时收到警示（例如：自然保护区）

续表

区域	详细说明
 加强警示区	此区域在地图上显示为浅橘色,当无人机飞行至此区域时,用户会实时接收到来自 GEO 的信息,要求用户解除在该区域的飞行限制(步骤与授权区解禁相同),完成解禁步骤时无须提供认证的账户,也无须连接网络
 法规限制区	此区域在地图上显示为浅蓝色,根据当地的法规和政策规定,部分特殊区域的所在范围内禁止飞行(例如:监狱)
 轻型无人机适飞空域	此区域在地图上显示为绿色,是法规规定的适飞空域。轻型无人机在此适飞空域内,飞行真高在 120m 以下时无须进行飞行申请;如果需要在 120m 以上空域或者非适飞空域飞行,那么需要提前通过 UTMISS 综合监管平台进行飞行申请

3. 安全飞行注意事项

1)检查飞行设备

在多次飞行后,无人机通常会有一些磨损,如果不注意,那么小问题可能会引发大问题,每次飞行之前,要认真检查无人机的各处细节,包括遥控器等地面设备。

2)确保设备电量充足

动力电池是无人机的动力来源,若电池电量不足,则容易出现来不及返航的情况,同时也要检查地面遥控器、手机等设备的电量是否充足。

3)选择空旷的飞行场地

选好场地,就算出了意外也不会造成太大的第三方损失。

4)请勿超过安全飞行高度

有关部门规定,遥控无人机飞行高度不得高于 120m(约合 400 英尺),否则需要向相关部门申报。

5)请勿酒后操控无人机

操控无人机前饮酒会影响人的反应和判断能力,影响人对无人机的操控准确度,容易产生无人机事故,切勿酒后操控无人机。

6)请保持无人机在视距范围内飞行

很多人喜欢把无人机飞得很高很远,觉得很过瘾,但其实只要无人机超出视距范围,无人机的姿态就将很难被察觉,万一无人机图传系统出现问题,很难把无人机飞回来,因此务必保持无人机在视距范围内飞行。

7)请时刻保持对无人机的控制

无人机的自动返航功能很方便,但也存在一定风险,尽量手动控制无人机返航,全权掌控返航的情况。

8）请在 GPS 信号良好的情况下飞行

当没有 GPS 信号或者 GPS 信号不良时，无人机很难实现自主定位悬停，容易出现事故，建议飞行前检查无人机的 GPS 信号和周围的干扰信号。

9）遵守当地法律法规

在飞行前要了解当地的法律法规，了解当地的禁飞区，务必在非管控区域内飞行，同时要尊重他人的隐私，不违背社会道德。

10）提升飞行技巧

作为无人机爱好者，要不断提升自己的飞行技巧，与同行、朋友一起交流学习，同时也要克服紧张情绪，增强自信心，让飞行操控更自如。

学会无人机飞行和编程后，无人机初学者还需要了解国家对无人机的管理政策和法律法规，了解无人机的禁飞区和适飞区，做一名遵纪守法的无人机爱好者。

任务 10.2　熟悉无人机驾驶执照相关知识

2019 年 4 月，中华人民共和国人力资源和社会保障部、国家市场监督管理总局、国家统计局正式向社会发布了 13 个新职业，无人机驾驶员成为新职业。同时也明确了无人机驾驶员的主要工作任务是安装、调试无人机电机、动力设备、桨叶及相应任务设备等；根据任务规划航线；根据飞行环境和气象条件校对飞行参数；操控无人机完成既定飞行任务；整理并分析采集数据；评价飞行结果和工作效果；检查、维护、整理无人机及任务设备。

对于无人机爱好者来说，考取无人机驾驶执照还是很有必要的，不仅可以杜绝"黑飞"，还可以把飞行当成一种职业。

1. 无人机驾驶员就业领域

据中华人民共和国人力资源和社会保障部统计发布的《新职业——无人机驾驶员就业景气现状分析报告》和互联网研究机构北京艾瑞咨询集团发布的《2016 年中国无人机行业研究报告》统计，无人机驾驶员的就业领域多以影视航拍、农林植保、电力巡检、安防为主，在环保、地质勘探、表演等其他应用领域也发展迅速，预计到 2025 年，国内无人机市场总规模将达到 750 亿元人民币。

1）影视航拍

影视航拍是民用消费级无人机中非常流行的应用领域，在国内主流的无人机厂商中，有 42.8% 的无人机厂商从事专业航拍。据统计，2020 年，我国航拍无人机行业市场规模为 315 亿元，同比增长 11.3%，2022 年接近 400 亿元。航拍无人机应用场景也逐渐增多，未来 5G 技术也会促进航拍无人机行业的持续发展。

2）农林植保

无人机飞防是我国实现农业现代化的助推器，植保无人机、飞防员、农药构成了无人机飞防体系的 3 大要素。2020 年，中国植保无人机需求量为 10 万架，无人机植保从业人员需求量为 40 万人。预计到 2025 年，植保无人机市场规模约为 200 亿元人民币。

3）电力巡检

无人机电力巡检指用无人机携带摄像头、红外线传感器等设备，检查高压输电的工作情况。2020 年，无人机电力巡检及服务整体市场规模约为 87.68 亿元人民币，预计到 2025 年，无人机电力巡检市场规模约为 50 亿元人民币。

4）安防

安防无人机可采集现场数据，迅速将现场的视频、音频信息传送到指挥中心，跟踪事件的发展态势，供指挥者进行判断和决策。目前安防无人机的主要应用集中在警用、消防、反恐、应急救援等领域。2017 年，警用无人机数量约为 800 架，市场规模约为 2.5 亿元人民币，预计到 2025 年，安防市场规模约为 150 亿元人民币。

2. 无人机驾驶执照种类

目前，无人机相关领域的常见证书有民用无人机驾驶员合格证、民用无人驾驶航空器系统驾驶员合格证和遥控航空模型飞行员执照。

1）民用无人机驾驶员合格证

民用无人机驾驶员合格证是由中国民用航空局颁发的电子执照，是目前最具权威性的执照，如图 10-1 所示。该执照分为视距内驾驶员、超视距驾驶员和教员 3 个等级，可直接考取，也可递进式考取。

图 10-1　民航无人机驾驶员合格证

2）民用无人驾驶航空器系统驾驶员合格证

民用无人驾驶航空器系统驾驶员合格证是由中国航空器拥有者及驾驶员协会（AOPA-China）颁发的实体证件，其种类及权利与中国民用航空局颁发的电子执照相同，如图 10-2 所示。

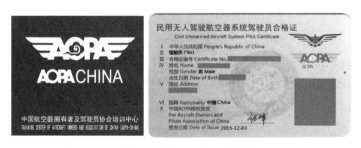

图 10-2　民用无人驾驶航空器系统驾驶员合格证

3）遥控航空模型飞行员执照

遥控航空模型飞行员执照是由中国航空运动协会颁发的，与以上两类执照不同，遥控航空模型飞行员执照仅用于航空模型类的驾驶，不得用于商业用途，且不能申请空域。拥有遥控航空模型飞行员执照的学员如果想驾驶无人机，那么需要另外考取民用无人机驾驶员合格证或民用无人驾驶航空器系统驾驶员合格证。遥控航空模型飞行员执照如图 10-3 所示。

图 10-3　遥控航空模型飞行员执照

由于民航无人机驾驶员合格证与民用无人驾驶航空器系统驾驶员合格证权利相同，为顾及学员想要兼顾电子与实体双证的想法，无人机驾驶员考试实行"一试双证"政策，即报考中国民用航空局执照考试并顺利通过后，可以同时申请获得 AOPA 同机型等级类别的合格证。

3. 无人机驾驶执照等级

自 2018 年 9 月 1 日起，中国民用航空局授权行业协会颁发的现行有效的无人机驾驶员合格证自动转换为中国民用航空局颁发的无人机驾驶员电子执照，原合格证所载明的权利一并转移至该电子执照。原Ⅶ分类等级（超视距运行的Ⅰ、Ⅱ类无人机）合格证载明的权利转移至Ⅲ分类等级电子执照。

对于完成训练并考试合格，符合本规定颁发民用无人机驾驶员合格证和等级条件的人员，在其驾驶员合格证上签注如下信息。

（1）驾驶员等级。

① 视距内等级；② 超视距等级；③ 教员等级。

（2）类别等级。

① 固定翼；② 直升机；③ 多旋翼；④ 垂直起降固定翼；⑤ 自转旋翼机；⑥ 飞艇；⑦ 其他。

（3）分类等级。

① Ⅰ级；② Ⅱ级；③ Ⅲ级；④ Ⅳ级；⑤ Ⅴ级；⑥ Ⅵ级；⑦ Ⅶ级。

无人机的分类等级是按空机质量和起飞全重划分的，如表 10-3 所示。

表 10-3　无人机分类等级

分类等级	空机质量（kg）	起飞全重（kg）
Ⅰ	$0<W{\leqslant}0.25$	
Ⅱ	$0.25<W{\leqslant}4$	$1.5<W{\leqslant}7$
Ⅲ	$4<W{\leqslant}15$	$7<W{\leqslant}25$
Ⅳ	$15<W{\leqslant}116$	$25<W{\leqslant}150$
Ⅴ	植保无人机	
Ⅵ	$116<W{\leqslant}5700$	$150<W{\leqslant}5700$
Ⅶ	$W>5700$	

民用无人机驾驶员合格证分为 3 个等级：驾驶员（视距内驾驶员）证、机长（超视距驾驶员）证、教员证，如图 10-4 所示。

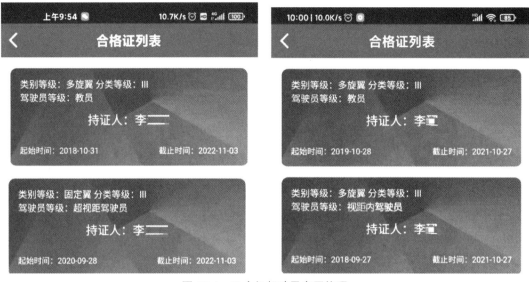

图 10-4　无人机驾驶员电子执照

驾驶员又名视距内驾驶员。视距内运行是指无人机在驾驶员或观测员与无人机保持直接目视视觉接触的范围内运行，且该范围的目视视距内半径不大于 500m，人、机相对高度不大于 120m。

机长又名超视距驾驶员。超视距运行是指无人机在目视视距以外的运行，无人机的机长在系统运行时间内负责整个无人机飞行系统的运行和安全。

教员是指持有具有教员等级的无人机驾驶员合格证、并依据其教员等级规定的权利和限制执行教学的人员，可培训驾驶员及机长。

机长和驾驶员的最大区别在于驾驶员必须在机长的指导下进行作业，不能单独作业；驾驶员只需要掌握 GPS 模式飞行就可以了，而机长还要学习姿态模式飞行，掌握地面站设置，对飞行技术的要求较高。

3 类无人机驾驶执照的区别如表 10-4 所示。

表 10-4　3 类无人机驾驶执照的区别

类别	视距内驾驶员 （驾驶员）	超视距驾驶员 （机长）	教员
职业方向/ 就业岗位	无人机飞控师 检修师 地面勤务 农林植保员 农林助理植保员 农林植保师	影视摄影师 输变电巡视员 三维建模员 高速公路巡查员 地质勘查员 灾情调查员 作业规则师 副高级农林植保师 高级农林植保师	实操教练员 无人机专业老师 委任考官

续表

类别	视距内驾驶员 （驾驶员）	超视距驾驶员 （机长）	教员
权利内容	能够在视距范围内（高度120m，直径500m）、GPS模式下作业	有申请作业空域的权利，能够独立作业，能够在作业中承担组长重任，能够使用姿态增稳飞行模式，能够使用地面站航线规划飞行模式，能够进行长航时、远距离、高技术的无人机作业项目	有申请中国民用航空局无人机驾驶员、执照培训机构资质的权利，有申请AOPA考试中心资质的权利，此外兼容超视距驶员（机长）全部权利
就业领域	低空航拍、植保领域	航拍、植保、测绘、电力、警用、环保、消防等多个行业应用领域	培训、航拍、植保、测绘、电力、警用、环保、救援、消防等多个行业教学与应用领域
适用人群	无人机爱好者 无人机初学者 植保作业人员 学生（能力储备）	无人机应用行业从业人员、无人机专业学生、无人机高级玩家	无人机教育人员、无人机研发人员、无人机高级玩家

4. 无人机驾驶执照考试

1）报名条件

① 年满 16 周岁，初中以上文化程度。

② 遵纪守法，无不良行为，无犯罪记录。

③ 身体要求：矫正视力在 1.0 以上，无色盲、色弱，无传染性疾病、无心脑血管及精神类疾病，肢体无残疾，无不良嗜好。

④ 教员报名条件：取得机长驾驶执照之后，飞行记录本记录 100h 以上的飞行时间（有教官签字或盖公章、在合法空域内飞行有效）。

⑤ 请注意！有下列情形之一的，不得申请无人机驾驶执照：

● 有器质性心脏病、癫痫病、梅尼埃病、眩晕症、癔症、帕金森病、精神病、痴呆及影响肢体活动的神经系统疾病等妨碍安全飞行疾病的。

● 吸食、注射毒品，长期服用依赖性精神药品成瘾尚未戒除的。

2）考试内容

（1）考试类别。

无人机驾驶员的考试内容分为理论考试、实践飞行考试和综合问答 3 个部分，如表 10-5 所示。

表 10-5　无人机驾驶员的考试内容

考试内容	视距内驾驶员 （驾驶员）	超视距驾驶员 （机长）	教员
理论考试	70 分合格（100 分满分，120min）	80 分合格（100 分满分，120min）	80 分合格（100 分满分，60min）

续表

考试内容	视距内驾驶员 （驾驶员）	超视距驾驶员 （机长）	教员
实践飞行考试 （3 次机会）	GPS 模式自旋 GPS 模式水平 8 字	姿态模式自旋、姿态模式水平 8 字、地面站飞行 6min	姿态模式左自旋、姿态模式右自旋、后退水平 8 字
综合问答	7 分合格 （10 分满分）	7 分合格 （10 分满分）	5 题要答对 3 题及以上

（2）实操详解。

起飞：停机坪起飞，垂直上升，起落架离地面高度为 2～5m，悬停时间 2s 以上。

自旋一周（360°旋转一周）：匀速缓慢绕机体中轴线旋转一周（旋转方向任意，向左或向右旋转均可），时长为 6～20s，偏移范围不超过高 1m、水平 2.5m，整个过程保持匀速。

水平 8 字：从悬停位置直接进入水平 8 字航线，保持机头一直朝前进方向完成飞行动作，动作完成后转成对尾悬停，机头偏差角度不能超过 15°，8 字航线的两个圆的直径大于 6m。

降落：移动至起降区上空平视高度处悬停 2s，平稳垂直降落到停机坪的中心。

3）考试场景

无人机驾驶执照考试场景多选择空旷的郊外，如图 10-5 所示。

图 10-5　无人机驾驶执照考试场景

无人机驾驶执照是无人机爱好者的从业资格证，对于无人机爱好者来说，要熟悉无人机驾驶执照的考核流程，针对考试科目进行训练，考取无人机驾驶执照，做一名执证飞手。

实训 10　无人机 8 字飞行训练

实训描述:

了解无人机禁飞区的管控,杜绝"黑飞",做一个持证的无人机飞手,从无人机爱好者到真正无人机飞手的转变,还有一段路要走。在掌握了无人机的基本操作方法后,无人机初学者可以按照无人机驾驶员考取合格证的要求,开始进行 8 字飞行训练了,在训练过程中要不断掌握悬停、正 8 字、侧 8 字、自旋等技能点的飞行技巧,努力成为一名优秀的飞手。

实训要求:

① 垂直起飞悬停时间为 2s 以上,离地面高度为 2~5m。

② 自旋一周,偏移范围不超过高 1m,整个过程保持匀速。

③ 对头水平 8 字飞行,匀速飞行经过 7 个关键点。

项目总结

本项目主要介绍了无人机安全飞行的基础知识,使无人机初学者了解禁飞区和安全飞行的注意事项;重点介绍了无人机驾驶员合格证的用途、种类、等级与考试信息,使无人机初学者了解无人机驾驶员合格证的考取流程。通过项目使无人机初学者掌握无人机安全飞行的知识,做一个合法的无人机飞手。

华信SPOC官方公众号

欢迎广大院校师生 **免费**注册应用

www. hxspoc. cn

华信SPOC在线学习平台

专注教学

教学课件
师生实时同步

数百门精品课
数万种教学资源

多种在线工具
轻松翻转课堂

电脑端和手机端（微信）使用

测试、讨论、
投票、弹幕……
互动手段多样

一键引用，快捷开课
自主上传，个性建课

教学数据全记录
专业分析，便捷导出

登录 www. hxspoc. cn 检索 华信SPOC 使用教程 获取更多

华信SPOC宣传片

教学服务QQ群： 1042940196
教学服务电话：010-88254578/010-88254481
教学服务邮箱： hxspoc@phei. com. cn

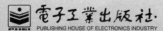

电子工业出版社·
PUBLISHING HOUSE OF ELECTRONICS INDUSTRY
华信教育研究所

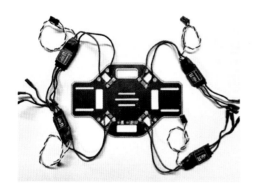

彩图 1

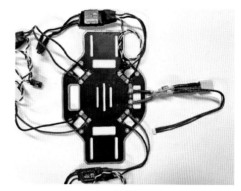

彩图 2

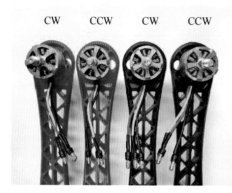

CW   CCW   CW   CCW

彩图 3

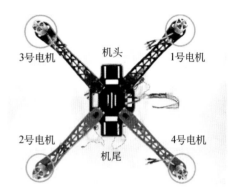

3号电机   机头   1号电机

2号电机   机尾   4号电机

彩图 4

3   1

2   4

彩图 5

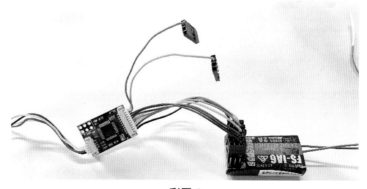

FS-iA6

彩图 6

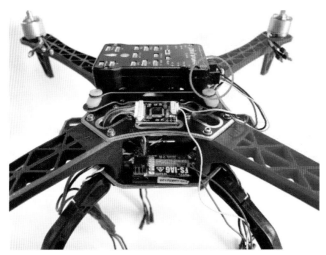

彩图 7

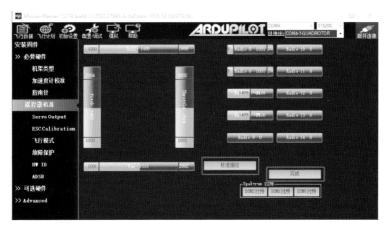

彩图 8

彩图 9